没有人能伤到你

做个内心强大的女人

水淼 ◎ 著

No One Can Hurt You

中国农业科学技术出版社

图书在版编目（CIP）数据

没有人能伤到你：做个内心强大的女人 / 水淼著.
—北京：中国农业科学技术出版社，2013.1
ISBN 978-7-5116-0984-7

Ⅰ.①没… Ⅱ.①水… Ⅲ.①女性—成功心理—通俗读物 Ⅳ.①B848.4-49

中国版本图书馆 CIP 数据核字（2012）第 148768 号

策划编辑	张志花
责任编辑	徐 毅
责任校对	贾晓红
插 图	鲤 鱼
出 版 者	中国农业科学技术出版社
	北京市中关村南大街 12 号 邮编：100081
电 话	（010）82106636（编辑室） （010）82109704（发行部）
	（010）82109709（读者服务部）
传 真	（010）82106631
网 址	http://www.castp.cn
经 销 者	各地新华书店
印 刷 厂	北京卡乐富印刷有限公司
开 本	700mm×1000mm 1/16
印 张	15
字 数	186 千字
版 次	2013 年 1 月第 1 版 2015 年 11 月第 7 次印刷
定 价	29.80 元

◆━━ 版权所有·翻印必究 ━━◆

自 序

做"顶天立地的自己"

长久以来,我都想写一本能真正帮助女人心灵成长的书。为了完成这个愿望,我与身边很多女性朋友交流生活体会,分享她们的成功与得意,感受她们的失败与失意。我发现每个女人内心中都有一个"蜷缩的自己",无论这个女人是人们所说的女强人,还是整天围着灶台转的家庭主妇;同时,每个女人内心中也有一个"顶天立地的自己",无论这个女人是身姿曼妙,还是瘦弱矮小。

这并不矛盾。每个女人都有软弱的时候,也有坚强的时候。而且软弱的时候也正是需要某种内心力量支撑的时候,挺过去了,也就往前迈了一步。强大的内心需要不断地修炼。这个修炼的过程,就是不断跌跌撞撞又不断成长提升的过程。

与一个女伴聊天,我说她脾气太暴躁,她说暴躁都是被逼出来的。这话听起来没错,人们遇到烦恼,都会控制不住自己的情绪,大肆发泄。我说,其实,淡定才是被逼出来的。当一个人经历了太多的风浪,就会对一些小浪花见怪不怪了。前者和后者都有理,只是内心的境界不一样罢了。

当我们心情进入低谷,自然就会想到要逃避。经常听到一些女士(包括我自己)抱怨,生活压力太大,心情不好,想找个地方隐居,远离红尘或是找个没人认识的地方重新来过。但这也只是说说而已,我们最终还是要生活在喧嚣的都市中,做自己不太喜欢的事,接受无法躲避的麻烦。

怎么办?有些事情躲不掉,我们只能去面对,此时我们需要一个强大的内心力量支撑自己不要倒下；我们需要把心中那个"顶天立地的我"找出来，拉起蜷缩在某个角落的弱小的自己。让它更好地保护自己，减少伤害，或是遭受伤害后能尽快地走出情绪低谷。

这本书的主题是"没有人能伤到你"，就是想跟女性朋友们一起探讨如何修炼内心，如何避免自己受到伤害，当内心不平静时该怎么办？譬如，当受到不公正待遇的时候，该怎么办？当遭受灾难的打击时，该怎么办？当不得不忍受亲人和爱人离去的时候，该怎么办……

每个人身上都有两个"我"，一个"蜷缩的我"，一个"顶天立地的我"，这本书的本意就是帮助女性朋友们一起找到内心中那个"顶天立地的我"。这个"顶天立地的我"，并非是强势、蛮横、咄咄逼人的，相反，她可能是温柔、坚韧、沉着而淡定的。"顶天立地"是一种力量，一种希望。当我们内心强大到可以战胜一切恐惧与悲观的时候，其实已经无所谓希望了，因为我们在哪里，希望就在哪里。

在此，我要感谢创作此书过程中与我一起分享生活喜怒哀乐的几位朋友，是你们丰富的人生经历让这本书得到充实。

相信很多读者看了这本书后，会联系到自己的实际生活，如果本书带给你一些心灵上的触动，进而让你有所体悟，解决了生活上的纷争、情感上的纠葛，或是让你产生不同的观点，请不吝与我分享。

我的邮箱：flower_97@163.com

记住：就算所有人离开了你，就算你目前一无所有，你还有你自己——一个顶天立地的你！

水淼
2012年夏于北京

目录

第1章
每个女人内心都有一个蜷缩的自己

每个女人都有脆弱的时候。脆弱并不可怕，可怕的是一直脆弱。找出自己内心不够强大的深层原因。

我们都在寻找安全感……002

精神找不到归属地……005

生来不是为了还债……008

别错过人生"最佳期"……011

女人的"被动"人生……015

画张"婚姻走势图"……018

对事业成功的恐惧……022

别太在意他人的评判标准……025

你相信命运天注定吗……030

你为什么不快乐……034

第2章

有心理优势，才有宽松的生活氛围

工作和生活中的较量，很多情况下不是靠能力，而是靠心理。你越有心理优势，你就越自信，你的生活就会越轻松。现在起，建立你的心理优势！

争取宽松的生活氛围……038

战胜内心的"魔"……040

把自己搁在"安全罩"中……044

有"不怕失去"的气魄……048

你不必俯视他人……052

委屈不一定能求全……055

你害怕的只是一个"角色"……058

女人天生就是坚强的……060

世界如此险恶，要保护自己不受伤害……064

第3章

假面时代，大家为什么都要"装"

当你对周围的人和事都熟悉的时候，你就会产生一种可掌控感。当你看清别人强大外表下弱小的内心时，你就会发现自己也很优秀。你要学会观察、判断和分析他人。

不要以为你在孤岛上……068

为什么大家都在"装"……071

你有的,她也没有……074

别人说的,你信吗……078

带上面具再跳舞……080

不要不单纯,也不要太单纯……084

你的美貌也可能伤到你……086

有些秘密最好埋一辈子……089

香水、首饰是强大内心的辅助品……093

给自己找个"保护色"……096

别管他人怎么看,你要看好你自己

> 永远不要妄自菲薄。你不能左右别人怎么看你,但是你能掌控自己对自己的态度。即使生活再窘迫,你也有自己的价值!你要有坚定的内心来支持自己!

换个角度看自己,你到底是谁……100

给别人获得满足感的机会……103

不要怀疑对自己的判断……106

离婚可能也是一次重生……109

别担心,你不过是"路人甲"……112

保持三个"我"的平衡……116

偏见无处不在，冷眼旁观即可……120

让人高山仰止的人也很普通……123

打击还是激励，取决于我们自己……126

第5章
好好爱自己，不要让自己一直哭泣

> 如果你懂得爱自己，那么你身边的人才会爱你；如果你会爱自己，你就不会感受到自己的委屈。不要等待被别人爱，而要主动爱自己。

只有自己的才真正属于自己……133

爱自己就如同朝阳升起……135

不要把爱自己的事寄托给别人……138

战小三，被动防不如主动攻……141

改变自己，不是为了别人……144

活着就要活得精彩……147

做个会享受生活的女人……150

第6章
能力是支持强大内心的要素

> 内心强大的优越感来源于女人自身的能力，一个各方面能力都很优秀的女人，她的内心要比能力较差的女人更强大，她的支撑力量是来源于自身的现实。女人一定要具备让自己幸福的能力。

强大的精神世界不是凭空而来……158
增加你的"可利用"价值……161
抓住最没负担的时期提高自己……164
把自己变强比什么都好……166
关注自己的成长，规划自己的人生……170
对你笑的人不一定是对你好的人……173
向"纯爷们儿"们学习……177
勇敢地面对自己的弱点……179

第7章
做一个有气场，会控场的女人

> 有气场是指有影响力，有凝聚力，有辐射面。这样的女人不会受别人左右，她们拥有生活主动权，不会被任何人或事轻易打倒。女人要形成自己的气场，还要会控场。

以平等或略高的姿态进场……184

内心不稳就容易被人牵着走……186

不要无原则地容忍……190

不重要的事一笑了之……193

小三为什么那么嚣张……197

你不爱我，我为什么爱你……200

无法强攻就要智取……203

第8章
内心强大的素质训练

> 有一句话叫做"百炼成钢"。经历的事情多了，自然就会临危不乱。多磨练，心会越磨越坚强。平时生活中，多磨练自己的内心，让其不断强大！

有决心改变那些可以改变的事……208

有恒心去完成那些看似无望的事……211

有信心去面对那些悲伤的往事……213

有勇气去拒绝不合原则的事……216

有斗志去处理害怕做的事……220

女人该有淡定自若的"范儿"……224

吃了一堑，就得长一智……228

第1章
每个女人内心都有一个蜷缩的自己

每个女人都有脆弱的时候。脆弱并不可怕,可怕的是一直脆弱。找出自己内心不够强大的深层原因。

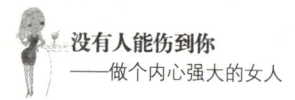

我们都在寻找安全感

在你感觉脆弱的时候，常常是因为有一种叫做"恐惧"的感觉在操纵着你，让你很不舒服，又无可奈何。对容貌变化的恐惧，对年龄增长的恐惧，对婚姻不幸的恐惧，对事业瓶颈的恐惧，对死亡的恐惧，对未知的恐惧……感到恐惧的事情简直太多了。

在某种情况下，"恐惧"是一件好事，它能让你在漫长的成长过程中不断产生危机感，进而不断地优化自己，让自己更具生活能力。或者说从某种意义上来讲，"恐惧"能对你起到鞭策作用，让你不断提高。

一旦你失去对恐惧的控制，或是过分估计情况的紧急性，恐惧就变成了麻烦，麻烦可能演变成灾难。因为恐惧，你失去自信，失去自我，紧张，压抑和焦虑……

在女人所有的恐惧中，最要命的是对"安全感"缺失的恐惧。美国心理学家亚伯拉罕·马斯洛的基本需求层次理论将需求分为5个层次：生理的需求-安全的需求-情感和归属的需求-尊重的需求-自

> 你要让自己成为这样一种女人：无论跟谁结婚，你都能让自己幸福；无论对方条件如何，你都能过得快乐；无论对方如何对你，你都能从容地生活！

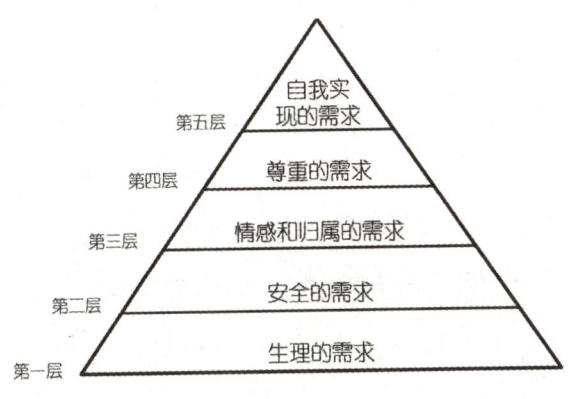

需求层次理论

我实现的需求。我们看到，人们安全上的需求是仅次于生理需求的。

当然，在现代社会中，心理上安全感的缺失导致的恐惧感不亚于身体上安全感缺失导致的恐惧感。女人们不会整天担心走在大街上莫名其妙地被流弹击中，但是会担心自己一不小心就莫名其妙被辞丢掉饭碗，被饿死；女人们不会整天担心丈夫回家对自己施暴，被折磨死；但是会担心丈夫经不起诱惑被小三带走，自己抑郁死。心理上的安全感是女人们关心的头等大事。

我的一个朋友马上要结婚了。领证前，女孩成了落跑新娘。

女孩25岁，准新郎35岁。男方有房，有车，有存款，在新的婚姻法颁布后，男孩答应立即在产权证上添上女孩的大名，并把自己多年的积蓄拱手相送，让女孩独揽家庭经济大权。

两人在一起生活几个月后，突然有一天，女孩归还了这一切，走了。原因是他不能给她安全感。因为女孩偶然发现了男孩跟前女友联系，所以认定男孩对她不专一，感觉自己的一辈子就这样交给一个男人，心里没底。所以，她逃了。

她所说的安全感，让男孩很不理解。"我把我能给你的都给了你，你

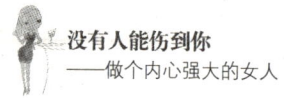

还要怎么'安全'?"

以前,我们很少听到安全感这个词,而现在的人动辄就会把"安全感"拿出来说事。我想,一方面是社会整个大环境所致——世界如此险恶,谁也不知道自己将要面临的是什么;另一方面是因为个人自身的原因造成——心理太弱小,不知道怎样去面对这个复杂的社会。

我这个朋友认为自己的一切物质利益都让女孩掌控,她自然就会有安全感。钱能给女人安全感吗?或许有吧!虽然钱不是万能的,但没钱也是万万不能的。

女人需要钱,理由很简单,没有房子,我们住在哪里?将来生孩子了总不能带着孩子一起租房子住吧?没有车子,我们周末如何打发?总不能老坐公交车吧?没有存款,我们的下半辈子怎么办?将来还要生孩子,还要养老……

的确,在谈婚论嫁的时候,很多女人把男方的硬件设备当成了安全感。特别是新婚姻法的最新规定,婚后父母给买的房子,另一方无权分割。这让女人们更加感到恐慌。纷纷要求房产证上加上自己的名字。

有房子住还不行,房子必须是属于自己的。安全感来源于自己对一切事物的掌控。然而,有了这些物质上的满足,就安全了吗?当然不是!要不然那个作了准新娘的朋友,为何在物质条件那么优厚的时候却选择了逃跑呢?

从心理学的角度来说,安全感是人们对可能出现的对身体或心理的危险或风险的预感,以及个体在应对处事时的无力感,主要表现为确定感和可控感。安全感的缺失,让人产生焦虑情绪。

所有外在的条件(你的爱人、你的地位、金钱等)只能给你一种感觉,让你以为自己很安全,但是一旦这些外在的东西消失,你的心里就会产生恐惧感,真正的安全感在于自己的内心。

某些女人习惯了从男友(丈夫)那里寻求安全感,要求对方在情感上专一永恒,在物质上让她们无金钱之忧。当这些外在条件发生变化时,她的安全感就开始缺失了。

向别人要求安全感,是因为你无法给自己安全感。与其说你是寻求安全感,不如说是寻求依赖,而这种依赖一旦形成,你的好日子也不多了。

当你的内心足够强大,当你的能力足够强大,当你能掌控一切,能给予自己一切的时候,你就不再恐惧。不要把安全感寄托在别人身上。你要让自己成为这样一种女人:无论跟谁结婚,你都能让自己幸福;无论对方条件如何,你都能过得快乐;无论对方如何对你,你都能从容地生活!

当你能够掌控一切的时候,你的安全感才是最强烈的。这个社会中,你生活的环境,你身边的人,有些是你很难改变的,所以你能做到的就是要掌控自己的内心。

精神找不到归属地

有了自己的房子,仍然不一定有安全感,因为女人们往往还在寻找一个叫"归属感"的东西。

为什么有的人不愿意租房子,而愿意出高价买一处属于自己的房子;为什么婚前的房子不属于自己,一定要加上自己的名字。因为别人的房子始终是别人的,自己只不过是个租客,而自己的房子,自己才是主人。这种心理的转变是很重要,很微妙的。

小静是我多年前认识的一个朋友,她不是那种

> 尽管到现在我仍然不知道她丈夫为什么动辄就要跟她离婚,可我知道,是工作让她变得自信,让她觉得自己还有个依靠。

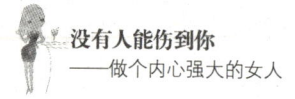
——做个内心强大的女人

嘴甜的人，所以不太招公婆待见。丈夫是个孝子，很听父母的话。有了孩子后，公婆过来带孩子。二人世界突然就变成了一大家子人。公婆仗着房子是儿子婚前买的，加上儿子能力强，所以对媳妇不冷不热。

孩子被爷爷奶奶宠惯了，一定要边写作业边看电视，妈妈过来阻止，爷爷奶奶就不喜欢了，马上替孩子撑腰，还主动打开电视让孩子看。最后孩子满意了，妈妈失落了。她这个做妈的在孩子面前一点威信都没有。

很多的时候都有这样一个场景：爷爷奶奶、爸爸和孩子在一起有说有笑，而妈妈却一个人躲在房间里安静地看书。

更多的时候有这样一个场景：她下班了，在公司楼下逛来逛去，不想回家。因为她觉得这个家不属于她。丈夫不属于她，而属于他的妈；孩子不属于她，而属于他奶奶。她只是一个过客，每天处于游离状态，说不定哪天就离开了这个家。

她对此生活感到无可奈何。走在吵吵嚷嚷的大街上，内心异常的孤独，没有归属感。

从心理学的角度来看，每个人都害怕孤独和寂寞，希望自己归属于某一个或多个群体，如有家庭，有工作单位，希望加入某个协会、某个团体，这样可以从中得到温暖，获得帮助和爱，从而消除或减少孤独感和寂寞感，获得安全感。

在群体内，成员可以与别人保持联系，获得友情与支持；成员间在发生相互作用时，其行为表现是协调的，同一个群体的成员在一致对外时，不会发生矛盾和摩擦，彼此都能体会到大家都同属于一个群体，特别是当群体受到攻击或群体取得荣誉的时候，群体成员会表现得更加团结。所以，无论是在工作上，还是在家庭中，孤军奋战，没有归属感都是很可怕的。

况且，女人天生就是居家动物。对于大多数的女人来说，家庭比事业更重要。她们信奉干得好不如嫁得好。谈恋爱，结婚，生孩子，围着家庭转，这一生就这样交代了。没有一个女人会为了事业心安理得地抛家弃子。一个温暖的家才是女人最感安全的归宿。

有的女人，在没找到这份归属之前，把这一切交给自己，自己属于自己。这也很好，但是一旦把归属感等同于一个男人的时候，她们的问题就出现了。比如，她一个人的时候过得好好的，可是结婚后，男人开始对自己冷漠，甚至出现家庭暴力都无法离开，因为她害怕失去"归属"。

还有的女人，害怕离职。特别是年龄越大越害怕，她们在外形上没有年轻时貌美，在工作上学习力不如从前，加上家庭中的一些繁杂事，不能像以前一样在工作上投入太多的精力。仅保住一个饭碗就满足了。一旦听到单位有人事变动，就惴惴不安。

其实，一个女人，只要自信，有能力，走到哪里，哪里都会成为她的"归属地"。

我的堂姐初中毕业，很早就到外地打工。她没有文凭，没有美貌，没有经验，但是她有智慧和勤奋。一直到十年后的今天，她由一名制衣工做到了主管的位置。在她的单位，很多有大学学历的同龄人能力都不如她。

在升职后的某一天，她发信息，说丈夫又莫名其妙地要离婚。我安慰她。她这次比上次淡定多了。她说："随便他吧，我只要自己在工作上努力就行了，什么也不怕。"

一年多前，她的丈夫也是莫名其妙地要跟她离婚，那时候的她哭成了个泪人，不停地给丈夫打电话，问究竟，甚至要辞掉工作去丈夫所在的城市。我说，在没有弄清楚状况之前千万不要轻易地辞掉工作，因为失去了工作就意味着自己真的没有着落了。何况正是在她的工作大有起色的时候。

尽管到现在我仍然不知道她丈夫为什么要动辄跟她离婚，可我知道，是工作让她变得自信，让她觉得自己还有个依靠。

离吧，无所谓！正是她的这种无所谓的态度镇住了她的丈夫。他们又和好了。

最近她为了结束与丈夫两地分居的状态，很无奈地辞职，前往丈夫的

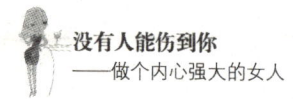

城市。丈夫给他在那边安排了一个其他的工作。她在这里工作了很多年,一个初中文凭的女人做到主管,实属不易。现在要到一个陌生的城市做一份陌生的工作。我问她,会不会感到害怕。她说,工作只是她的一个舞台。只要自己的能力和经验在那里,她就不怕。如果在那里做得不开心,大不了再回到原来的城市,继续原来的工作。我相信以她的资历,肯定是大有前途的。

她已经能做到在工作的舞台上游刃有余了。能力到了一定的程度,自信心增强了,到处都是她的归属地。

生来不是为了还债

> 作为女人,需要好好地认识自己这种不幸背后深藏着的不合理的信念,分析这种信念是如何形成的。你要记住,你不是为了"牺牲"而存在于这个世上的!

有一个女孩,从小到大,许多事情都是妈妈安排。她就像一只永远也长不大又温顺的小羔羊。她考大学,选专业,结婚都逃不过妈妈"温情"的大手。以至于她结婚后,你到她家中拜访,也很难分清,到底家里的女主人是她,还是她妈妈。

开始我经常取笑她是乖乖女,但后来了解到,有时候她的心里其实充满了无奈。比如她根本就不想上离家很近的大学,"可是妈妈安排了,我不得不接受。"

我问为什么要用"不得不"这个词。她说,

第1章
每个女人内心都有一个蜷缩的自己

妈妈一再跟我强调：妈妈以前生你的时候身体很不好，大家都劝妈妈不要生，只有妈妈一个人坚持把你生了下来。生你的时候吃了很多苦。就是因为妈妈生了她，她这一辈子都是为妈妈而活了。

这是一个很简单的人生哲学，滴水之恩当涌泉相报，何况是生养之恩。可是，这个简单的人生哲学却给了她一个很纠结的人生。

女儿的一生在她生下来的一刻就已经被妈妈的思维所限定了。她曾经试图挣脱妈妈的精神缰绳，但每次都被妈妈的眼泪给抓了回来。到后来就形成了一个习惯：无论她做一个什么样的决定，首先都要让妈妈把关，否则妈妈就会不高兴。

这是一种可悲的亲子关系。妈妈之所以这样控制女儿，是因为在几乎不能生她的情况下生了她，这对她来说就是一次挑战。挑战后的结果是她必须珍惜的，必须随时被掌控的；而对于女儿来说，如果不听话，一顶"不孝之女"的大帽子就会被扣在头上，压得她抬不起头，见不得人。没有办法！

还有一个女孩，三十多岁，没有结婚。家里有三个孩子，她是老大，老二是女孩，老三是男孩。家里重男轻女的思想非常严重。姐弟三人都在北京打拼。弟弟有固定女朋友，但没有固定工作，基本上是两个姐姐在养着他以及他的女朋友。

做大姐的从小没有受过父母的宠爱。作为女孩，她一生下来就让家人失望了。长大了一点就帮助妈妈照顾妹妹，协助妈妈完成生男孩的工作。到后来弟弟的出世，她的地位越来越低。无论她怎么付出，妈妈都不可能把注意力放在她身上。妈妈之所以这样，是因为她自己首先中了重男轻女的毒，把所有生活的重点都放在了为家里生个男孩上。生下两个女孩之后，已经对家里有愧疚感了。妈妈的这种心理病毒直接传染给了她。

她知道自己不能获得妈妈的宠爱，只有一种方式能让妈妈高兴，那就是为弟弟服务，让弟弟高兴。每当她把弟弟哄高兴了，就能看到妈妈给她

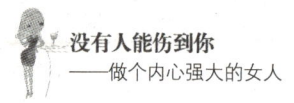

的笑脸。

她的思想格局其实是跟上面的那个女孩一样——生下来的一瞬间,就已经负了一生的"债"。为了"还债",她不得不习惯性地任人摆布,讨好家人,失去自我。

后来到北京后,自己的嫁妆没存上,倒是为弟弟花了不少钱。姐弟三人共租一个两居室的房子,弟弟和女朋友住大间。所有生活费用以及家庭开支都算在大姐的头上。

几年后,弟弟开始谈婚论嫁。父母自然是非常高兴,他们已经迫不及待家里开枝散叶了。但是女方家嫌他们家太穷,不同意,并给出条件,要么给十万元的彩礼,要么在女方家所在的县城盖一座房子。

为了防止倒插门,家里选择了前者,但是钱从何而来?家里给出了硬性的要求,父母出两万,剩下的两个姐姐出,大姐出大头。请注意,是出钱,而不是借钱。

在北京这么几年来,她本身收入并不高,加上每年在父母和弟弟妹妹身上花费也不少,所以并没有多少钱的存款来支持弟弟的婚事。

这让她非常的烦躁,平时为了省点钱,她从不在外面买饭吃,从不在商场买衣服。今年妈妈生病动手术,花掉了她存折里的一半。她知道自己的嫁妆问题父母听都不愿意听,只能靠自己一点一点地攒。可是几年了,依然是一穷二白,关键是,现在三十多岁了,自己最好的青春已经过去了,合适的男人还没有出现……

她第一次在电话中,对父母爆发了积蓄已久的悲摧。父母发怒了。父亲还因此住院了。最后母亲郑重地向她宣布,如果她不出钱,就和她断绝关系。

在这种人生格局中,她是不幸的。她之所以这样做,是出于心理压力:一来背负不起"不孝女"的骂名,她必须还债给父母,只有减轻了"债务",她的心理才能获得轻松。怎么去减轻债务呢,只有乖乖地听父母的话，把弟弟照顾好。然而，最大的悲哀其实不是减轻债务，而是"减轻债务"本身就是个无底洞，无论她怎么做，这个债务她一辈子都背定了；

二来，出于自尊，她希望通过自己的努力，在父母面前证明自己是有价值的，值得他们宠爱的。所以她不断地努力工作，用自己有限的能力无限地帮助那个不劳而获的弟弟。这里也有一个悲哀：她越是证明自己优秀，给父母的信息就是越能帮助弟弟。最终被活活累死的人是她自己。

作为女人，需要好好地认识自己这种不幸背后深藏着的不合理的信念，分析这种信念是如何形成的。你要记住，你不是为了"牺牲"而存在于这个世上的！

别错过人生"最佳期"

人在不同的阶段，会有不同的使命。一旦在某个特定的阶段，没有完成自己使命，你便会产生焦虑感。比如，在结婚的年龄，你身边所有的人都步入了婚姻的殿堂，而你却还像游魂一样，在婚姻之门外飘来荡去。尽管你在众人面前表现得很淡定，很无所谓，但是当你一个人独处的时候，会有一种不可遏制的紧迫感夹带着焦虑感袭击你。

对这一点，我深有体会。我生孩子比较晚。以前从来没有要孩子的计划，觉得过二人世界很好。

> 不管由于什么原因，尽量不要把该年龄段要完成的任务往后推。就像今天的工作必须在今天完成一样。推到最后，也许就剩下了一堆的慌乱和叹息。

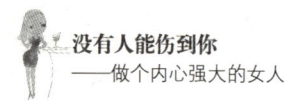

当某一天,我发现身边几乎所有的女性都已经当了妈妈,我突然羡慕她们了,特别是看到漂亮的宝贝们奶声奶气地叫我"阿姨"的时候,我决定,自己生一个宝贝,让他天天奶声奶气地叫我"妈妈"。

可是,很多事情并不是能够计划到位的。30多岁的我,越是要子心切,越是天不遂我愿。曾一度时间,我羡慕那些有孩子的女人,又不敢去面对那些可爱的孩子。尽管工作上的我是多么出色,但是在这一方面,我心里没底,所以开始自卑。随着朋友的猜测"你到底能不能生?"我也开始怀疑自己。女性朋友们碰到一起总有说不完的孩子的话题,而我只有靠边站的份儿,也有时候朋友害怕伤我的自尊心,刻意地回避谈孩子的话题。她们越是这样,越伤了我的自尊。

那个时候我最后悔的一件事就是该要孩子的时候没要。跟同样状况的朋友们交流,能让我的内心稍微平和一点。有的朋友甚至说"要是上天赐给我一个孩子,我愿意短寿十年!"多么可怜的女人!这些朋友很多都是年轻的时候忙于事业,或是贪恋爱情,有的一直没要孩子,有的多次打掉孩子。错过了生育的最佳时期,现在想弥补,上天却不给机会了。

我的焦虑感一天比一天加深。经常做噩梦,有时候梦见自己终于生了一个孩子,可是这个孩子是个奇形怪状的外星人,有时候梦见自己光着脚丫到处走,有时候梦见自己飞了起来。这些都是压力巨大的表现!

好在后来我顺利怀了宝宝,在当妈妈的年龄,我当上了妈妈。我的自信心马上就回归了,跟一些妈妈们聊天,我也能插上话了。但是,还有很多没有顺利怀上宝宝的女人,恐怕一直都会在忐忑中。

我们生活在这个社会上,会不自觉地跟周围的人和事做一些比较,当这个阶段的使命,别人完成了,而你还没完成时,你就会有一种紧迫感,这种紧迫感会逐渐让你变得焦虑。

由于各方面的原因,"剩女"越来越多。她们内心脆弱的时候很容易犯一个错误，就是赶紧找一个人嫁了，结束这种内心中的不安。就像我遇到的那个女性朋友，为了能生宝宝，哪怕少活十年，也在所不惜。

一个30多岁待字闺中的女朋友小贾，平时表现得很潇洒，每次有人跟她说，"你要把自己嫁出去。"她都不以为然，"没有男朋友就没有呗，大不了自己一个人过。"

有一次，她生病了，需要一段时间调养。我说，你还是回家去休息吧。家里有父母照顾，而且山清水秀，呼吸一下新鲜空气，有助于你的康复。

她想了一会儿说，我不能回去，家里的人会说闲话。地方越小，喜欢嚼舌头的人越多。这个时候，我才知道，原来她的内心远没有表面那样平静。

曲影是北京某名牌大学的硕士生，人很聪明。毕业以后在一个领域做得非常成功。不管是为了事业也好，或由于工作压力，迟迟没有结婚，失去了很多机会。

等到30多岁时，她才通过网络找到一个男人。两人接触不到两个月就结婚了。男人家里非常穷，男人也不会献殷勤，两人几乎是裸婚。

结婚不到半年，两人的差异就暴露出来了。以前她以为自己不会在乎男人的家境，不在乎男人的小气，只要把自己嫁出去就好，可是现在她才发现，她需要的不是"结婚"，而是找一个适合自己的人。

人生就像四季，其实是有规律的。年少时期就像春天，青年时期就像夏天，中年时期就像秋天，老年时期就像冬天。你喜欢一个季节，所以你一厢情愿地希望在这个季节中停留很久，但是你挡不住下一个季节的到来。每个季节都有每个季节的优势，也有每个季节的使命。在秋季人们都在收割的时候，你却还停留在春季播种的时节，冬天是断然没有收获的。

不管什么原因，尽量不要把该年龄段要完成的任务往后推。就像今天的工作必须在今天完成一样。推到最后，也许就剩下了一堆的慌乱和叹息。

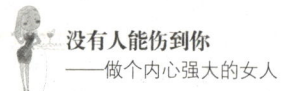

没有人能伤到你
——做个内心强大的女人

　　人生就像四季，其实是有规律的。年少时期就像春天，青年时期就像夏天，中年时期就像秋天，老年时期就像冬天。你喜欢一个季节，所以你一厢情愿地希望在这个季节中停留很久，但是你挡不住下一个季节的到来。每个季节都有每个季节的优势，也有每个季节的使命。在秋季人们都在收割的时候，你却还停留在春季播种，冬天是断然没有收获的。

第1章
每个女人内心都有一个蜷缩的自己

女人的"被动"人生

人们在说"男女有别"的时候,很多时候会不自然地认为,之所以有"别",是在于女性不如男性。因为不如,所以差别也就出来了。传统观念认为,男性在社会和家庭中占据绝对的统治地位,女性处于附属依赖地位,女人必须依靠男人才会过得幸福。特别是对一些小地方的、足不出户的女性来说,这种观念可以说是"天经地义"的。

男人是支柱,很多女人也从骨子里就不认可自己,或是从没有想到要认可自己。女人们习惯地认为自己是个"女流之辈",永远做不了什么大事。她们所有的一切都是别人给的,这个"别人"包括了:结婚前,她的父母;工作后,她的领导;结婚后,她的丈夫;有孩子后,她的孩子。别人给了她幸福,她就幸福了;别人不给,她就不幸。总之,别人是主,她是仆。她的整个人生可以用两个字可以形容——被动!

在很多时候,"被动"是可以和"弱小"划等号的。就拿婚姻中的女人来说,婚姻在她们生命

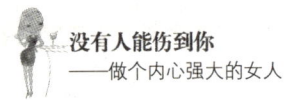
没有人能伤到你
——做个内心强大的女人

中的比重是远远超过男人的,甚至是男人的几倍。正是因为她们太看重婚姻,所以才常常会被婚姻压得透不过气,她们越想把婚姻经营好,越想让丈夫和孩子满意,就越容易失去自我。

夫妻两人吵架,明明是自己有理,却会因为顾及父母的面子和孩子的感受,不敢据理力争,好不容易借着吵架回娘家,可没两天,就是放不下家里的一切,丈夫不请主动回来。

明明知道丈夫喜欢那种衣着漂亮娇艳的女人,可就是舍不得多花点钱给自己买件像样的衣服……因为太过看重婚姻,她们很难让自己强势起来。

同样是女人,有的女人是女仆,有的女人是女王。这完全在于各自不同的心理。只要自己愿意,女仆也可以变女王。

只要你主动去追求,你原来期待从"别人"身上获得的东西,你一样能给予自己;你以前总以为不可能像别人那样做得很好,事实上,你却可能比别人做得更好。很多女人的成功都是被曾经无能的自己、被残酷的社会、被曾经伤害自己的人逼出来的。

今年30岁的雅治,结婚生孩子都比较晚,她各方面的条件都比较优秀。本以为挑了这么久,会挑一个十全十美的好老公。可事实上并不是这样。

结婚后,丈夫像突然换了一个人似的。以前丈夫做金融,没有固定的工作,经常在家待着,还能帮客户挣一些钱,自己获得的佣金也不少。这一点在她看来,很不错,既能挣钱,又顾家。

哪想到,这些年金融不景气。丈夫不仅没有挣到钱,还养成了一个懒散的习惯,不思进取。因为没有工作单位,所以每天除了在家上网玩游戏,就是泡酒吧。雅治自从生了孩子,也在家带孩子,这几年两人都没有收入,坐吃山空。两人不是大眼瞪小眼,就是没事吵吵架……这时的雅治打心眼里开始嫌弃丈夫的无能和窝囊,加上家里的经济条件越来越差，就连孩子生病上医院也只能坐公交车，因此她很不开心，时常唉声叹气。她说，自己像个"仆人"吧，可她的"主人"还不富裕。这正是她郁闷的地方。

有一次，雅治到朋友家玩，诉说心里的想法和烦恼，埋怨自己嫁错了人。朋友看她那么不快乐，就提醒："如果你总想着让老公多赚外快，增加收入，你恐怕很难会感到快乐。很多事情，既然你想去做，为什么不自己做呢？你也有能力，有双手呀！"

她说："我行吗？"

朋友说："你为什么不行？你不过是去争取自己想要的生活罢了！你想住大房子，你想买车，你想到处旅游……这些不都是你提出来的吗？为什么要把它们都寄托在你丈夫身上呢？"

雅治仔细一想，觉得朋友的话十分在理，于是就开始留意身边的各种机会。半个月后，对面的邻居准备转让一家餐馆，她就动了心思，打算把店接过来。当时，丈夫和婆婆都不同意，觉得她一个女人，能干成什么事；再说，她也缺乏经营经验，而且事情太繁杂，怕她遭罪，但雅治却坚持要做。

为了让这家餐馆顺利营业，也是为了争一口气，她先请了一位手艺高超的大师傅，自己就在旁边认真学习，仔细揣摩。一年之后，她就可以亲自掌勺了，店里的生意也越来越红火。

尤其让她感到高兴的是，因为她打开了自己人生的新局面，丈夫也不再游手好闲，时常来帮她招揽客人，管理餐馆的大小事务。丈夫常感激她，说她为自己找准了人生方向，就像周华健唱的那首歌"若不是因为你，我依然在风雨里，飘来荡去我早已经放弃……"

如今的他们，在生活中能够互相交流自己的想法和意见，感情也比从前更加融洽了。

很多女人，特别是30岁左右的已婚女性，工作上到了一个瓶颈阶

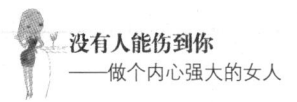

段。在生活中,又和丈夫没有了以往谈恋爱时的激情,因此容易感到迷茫。她们可能认为自己属于家庭,除此之外没有想过,也不知道自己还想要什么。

就像雅治一样,原本打算做一个躲在丈夫身后的小女人,依靠丈夫的庇护为她遮风挡雨,但是丈夫并不能为她解决问题。当丈夫不能依赖时,那么她只好依赖自己,创业、经营、扩大规模,她的事业办得有声有色,不仅自己成功了,还改变了丈夫的一些不良习惯,让丈夫积极上进。

女仆也可以变女王,但是要注意:女仆的主要精力是"听吩咐",而女王的主要精力是"动脑筋,会安排"。

画张"婚姻走势图"

> 女人任何时候都不能把自我放在一边,觉得什么都该靠男人,这个想法本身就注定了其悲剧性。

前几年一部家庭伦理剧《中国式离婚》将平凡夫妻之间琐碎的事情、情感细微的变化以及时代对人的影响,表现得淋漓尽致。

开始看的时候,我对剧中的丈夫充满了同情,而对妻子充满了憎恨;慢慢的,我又认为妻子的行为有些夸张,编剧有些丑化中国女性;再后来我又发现,其实该剧也确确实实表现出了部分女人的心态状况。

宋建平是一所市级大医院的业务骨干,人称

"一把刀"。只因为他不善于在仕途上钻营，不善于奉承拍马，因此很多机会都与他擦肩而过：出国没有他的份，提干没有他的份，评职称也没有他的份……他在妻子林小枫眼里就是个"庸人"、"废人"。

在日益膨胀的虚荣心的驱使之下，林小枫对丈夫百般挑剔，横眉冷对。特别是在一次同学聚会上，一个当年学习不好、长得也不如她的女同学却受到了在场许多男生的关注呵护，因为那位同学的丈夫是一位有权有势的官员。林小枫深受刺激，回家以后，将心中的哀怨全部归罪于丈夫的无用。

原本平静的婚姻，终于被林小枫的怒气打破了。从此，林小枫想方设法拼命地鼓动丈夫辞职，要么下海去经商，要么投奔外资医院。一句话，去赚大钱。丈夫犹豫不决，她就多次丢下孩子和丈夫回到娘家居住。

宋建平在一次晋升职高的评聘中遭受挫折，最终离开了他奋斗多年的医院，跳槽到一所合资医院。凭着他高超的技术，敬业的态度，很快就在新的工作单位站稳了脚，事业蒸蒸日上。他不仅拥有了林小枫盼望已久的高收入，而且有了职位，有了汽车，至此林小枫的虚荣心也得到了满足。

此时的林小枫由于工作、家庭等各种事情缠身，评职进行的英语考试没有通过，失去了晋升高级教师的条件和机会。她干脆辞职，做起了专职太太，而丈夫的工作是越来越忙，在医院的声誉也越来越高，特别是得到国外投资者的欣赏。

一个人如果有太多无聊的时间，无聊的思想就会不停的出现。林小枫与丈夫的落差越来越大，这使她有些局促不安。于是，她时不时地给丈夫打电话，只要丈夫没有接听，或是没有及时回复，她就内心不安，甚至不断提出质疑。

丈夫不断在事业上获得成就，她的内心就不断出现倾斜。她开始怀疑

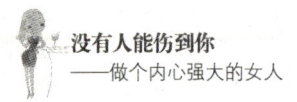

丈夫嫌弃她，瞧不起她。特别是丈夫那个美丽的同事肖莉的出现，让她更加惶恐不安。丈夫的任何解释，善意劝解，所换来的都是她的怒目相视。

于是，无休止怀疑、指责、争吵充斥了他们的生活……最终导致离婚。

很多女人其实跟林小枫有一样的悲剧：丈夫没出息的时候，自己很郁闷，嫌丈夫太窝囊；一旦丈夫出息了，自己还是郁闷，又害怕丈夫反过来嫌弃自己。

正如林小枫的扮演者蒋雯丽在谈到这个电视剧的时候说，林小枫的婚姻走到绝境是她对生活不满导致的。有要求不是坏事，可是如果要求破坏了夫妻之间的平衡，就会出问题。女人任何时候都不能把自我放在一边，觉得什么都该靠男人，这个想法本身就注定了其悲剧性。

这个电视剧要表达的重点是，这个女人是靠婚姻来生存的，她是婚姻中的弱者；如果她只是催促丈夫不断完善，而自己无动于衷，婚姻就是悲剧。

婚姻中，两个人的思想层次不一样，是很危险的。我们经常说找对象需要"门当户对"其实是有一定道理的。一个穷乡僻壤的女人嫁给一个繁华都市的男人，一个穷困女人嫁给一个富豪男人，一个文盲女人嫁给一个博士男人……在女人自己的内心深处必然存在很多的不安因素，觉得自己处于婚姻的劣势中，这种不安会让她做出种种不利于婚姻发展的举动，害怕失去丈夫，害怕自己被丈夫瞧不起，等等。

开始的时候宋建平和林小枫条件相当，在同一起跑线上——一个平庸的医生、一个平凡的老师，势力均衡。但是在妻子的闹腾下，丈夫的人生坐标一直在上升，而她的却一步步下降。正是这种不平衡导致了她的不自信，接下来的一切很自然就发生了。

婚姻中的双方其实在心理上保持着一种相互钳制的关系。这种关系很隐蔽，很微妙，不一定外在表现出来，但在心理上一定有所显现。

女人保持与丈夫之间的平衡，才能保持婚姻的稳定。一旦双方的条件失衡,婚姻中的信任、理解、支持、体贴统统都会变成猜疑,最终彼此受伤。

如果我们改写一下剧本,(撇开林小枫偏执的性格):当宋建平在外资医院获得成就的时候,林小枫也整装待发,不断学习提高自己,在学校被评为优秀教师,进而主任、副校长等一步步高升,或是从学校辞职后,用宋建平挣来的钱,开展自己的事业……一来她会找到自信,把对宋建平的重心放在自己身上;二来她和宋建平之间也不会缺少共同语言;第三,她有自己的圈子,任由三四个"肖莉"出现在宋建平身边,她也可以闲庭信步。

有些女人经常喜欢做一些没有根据的测试题,想知道自己和丈夫会不会白头偕老,丈夫是不是个花心的人等。其实,我这里倒有一个好的测试可以做一做:

拿出纸和笔,在纸上面画一个坐标。横标代表你们经历的岁月,原点代表你们的起点,纵标代表你们各自成长中的起落事件,然后根据你们的

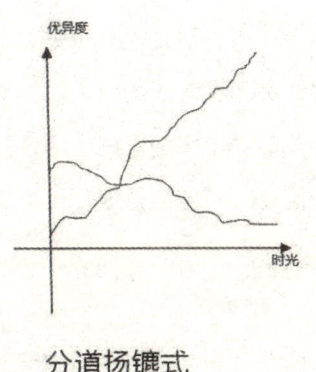

分道扬镳式

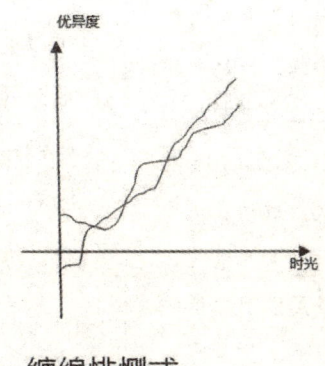

缠绵悱恻式

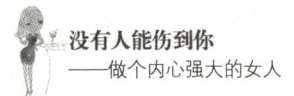

现状,标出你们各自成长的大致走向。如果你们的两条线越来越近,缠绵悱恻,或是齐头并进,那对你们的婚姻是个好兆头;倘若你们的两条线交点并不多,或是越来越远,自然就不是好兆头。

对事业成功的恐惧

什么是成功,对于有的女人来说,工作能力强,一切事情自己有支配权,事业上的成功就是成功;对于有的女人来说,虽然没有自己的事业,但是有一个温馨和睦的家庭,同样也是一种成功。

很多女人有对未独立的畏惧。然而,也有很多的女人,在独立之后仍然保持对独立的恐惧,小芸在北京漂了多年,自己开了公司,在经济上很独立,有了自己的事业,但是她却并不认为自己是成功的。

这些年来,为了事业打拼,她如愿以偿地得到了以前梦寐以求的很多东西,但是同时也失去了很多东西。她羡慕那些在家相夫教子的女人们,觉得她们过着一种虽然平凡却又温馨的家庭生活,风雨中有个挚爱的人与她同舟,不像她这般任何事都得自己承担、自己面对。

在事业成功之后,她突然感到一阵空虚和落寞。她曾经有两个男朋友,第一个男友是她的初中同学,男友家嫌弃她家条件不好而反对他们来往。她一气之下独自一人来到北京闯荡。

第1章
每个女人内心都有一个蜷缩的自己

十年的奋斗，让她满是沧桑，错过了女人最美好的青春年华，这期间把所有的心思都花在了事业上。在她的创业阶段，她认识了第二个男友，因为事业上的节节攀升，忙得感情也疏忽了，以致相处5年的这个男友也提出了分手，在男友绝望的眼神里，她所有的自信功亏一篑。

她没有太多的时间去处理私人情感，父母给她安排了多次相亲的机会，她都错过了，老板的角色并没有因为职位高一级而给她更多的私人空间，相反，她在工作上付出的时间要更多。

她决定放慢自己事业的脚步，去寻找属于自己的爱情。她在事业上每成功一步，都感觉自己对爱情和家庭的渴望更远了一步。现在的她最不愿意看到的是每当一个人在商场逛街的时候，迎面而来的一家三口，爸爸妈妈给孩子挑衣服时的温馨场面。母性是出自女性一种本能的天性。现在她特别想要一个孩子，有一个有孩子的家庭。她不知道自己这十年的努力，是否真的值得付出。她有些迷茫了。

亦舒有一句话："像我们这一代女性，选择成功事业的定忘不了温馨平凡的家庭，坐在厨房里的却必然心有不甘，委靡不振，无他，得不到的一定是最好的，这是人性的悲剧。"

小芸遇到的问题其实是很多成功女人共同面临的问题。他们比身边的男性更聪明，更具有工作能力，却面对更多的困难。与男性不同，她们通常在获得成功之后，又会产生一种对成功的恐惧感。

对她们来说，成功的同时也是一种牺牲。我有一个女朋友是一个高级白领，月入不菲。她长得也很漂亮，但是最让她接受不了的是，各方面都不如她的丈夫，居然在外面找了个小三，而且更让她无法接受的是，小三的条件远远不如她。丈夫对她的解释是，她对家庭的关心太少了。

很多女人在事业和情感的选择中，持续纠结。在社会舆论中，女人的自尊和自我价值不仅仅表现在事业上，或者是并不主要表现在事业上，而

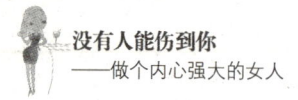

是她们能否承担起传统的家庭角色中作为妻子和母亲的责任。一些在职场上与男人一样拼杀的女性,她们往往在背后被人指指点点,这严重挫伤了她们的自尊心。

那么,谁来拯救我们女性?当然只有我们自己!调整心态,衡量自己的承受能力和程度,放松呼吸,我们所要做的只是在自己的生命轴线上排列出需求的序列,尽可能去争取和协调所有的支持和力量。

任何选择都不可能十全十美,有得一定会有失。一个人的精力是有限的,你在情感和家庭方面投放的精力多,就必定会在事业和工作方面的精力少;反之亦然。关键是如何平衡和取舍。

我身边有许多妈妈在事业和家庭不能兼得的情况下,暂时选择退出社会的角色,一心做好贤妻良母。有的甚至因为有了孩子就开始了全职主妇生活。但是,这种暂时隐退并不是一种长久之计,可能在某种意义上有利于家庭的平衡,但从长远来看,却不利于女人的发展,甚至影响到整个家庭的协调发展、孩子的健康成长。

有一个集团老总的妻子在丈夫创业初期,毅然辞去了教师的工作,全力以赴成为全家人的大后方。丈夫的事业越做越大,她在家把两个孩子照顾得无微不至。她的事业在家人的成功中,她的角色仅是一个普通的母亲。

当她的两个孩子都上了小学之后,她毅然走出了家庭。有人劝她,家境那么好,什么都不缺,丈夫对她又疼爱,她继续照顾家就好了,何必那么辛苦呢?

她还是走出了家庭,用自己的知识和勇气,创建了一个家教工作室,邀请了跟她同样状况,在家照顾家庭好几年的全职妈妈们一起来参加。虽然她的事业并不大,也没有太大的规模,但是在工作的时候,她是一个完全独立的女人,回到家她依然是需要丈夫呵护的妻子,是能照顾孩子的妈妈。

什么是成功,对于有的女人来说,工作能力强,一切事情自己有支配权,事业上的成功就是成功;对于有的女人来说,虽然没有自己的事业,但是有一个温馨和睦的家庭,同样也是一种成功。

其实,不管选择了哪种生活方式,只要懂得爱自己,有尊严的生活,有价值的生活,在社会角色和家庭角色中寻找到平衡点,就会找到幸福和快乐。

别太在意他人的评判标准

一个人的自卑感,是内心弱小最主要的源头。

一个人为什么会自卑?如果他单独存在于社会中,他永远不会自卑,因为所有的规则和标准都是他定的,他所做的一切都是最完美的标准。可惜的是,他永远不可能单独存在于这个社会中,他会不自觉地跟周围的人做比较。当他发现自己不如别人的时候,自卑感就产生了。因为比较而看到差距,因为差距而产生自卑。

生活中有很多的女人,本来过得挺好,挺轻松,但是一跟周围的人比起来,就显得底气不足了。女人天生爱"比较"。因为想要比别人更好,所以别人身上的光芒就格外的刺眼。跟年轻的比,

> 跟年轻的比,你是那么沧桑;跟漂亮的比,你是那么的憔悴;跟成功的比,你是那么平凡;跟富有的比,你是那么贫穷……

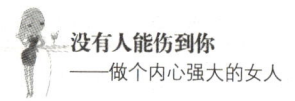

你是那么沧桑；跟漂亮的比，你是那么的憔悴；跟成功的比，你是那么平凡；跟富有的比，你是那么贫穷……

比来比去，终于发现自己是如此的差劲。于是，就会把自己放在最底层。糟糕的是，你对自己的态度也将决定别人对你的态度。别人对你的蔑视、嘲笑、淡漠反过来又促使你的自卑感更强。这是一个恶性循环。

欧阳瑜在一个县城的事业单位做公务员，有很多人羡慕的铁饭碗。但是一次春节前的同学集会让她感觉很不好。她发现自己像一只井底之蛙，大城市生活的同学们似乎都比自己过得好，有的上学时成绩不如她的同学都有了自己的公司，当了老板；有的以前她看不顺眼的农村女孩嫁了个有钱人；以前其貌不扬，少言寡语的人，如今在外面见了世面，经常出国，能说会道。只有她什么变化也没有。跟她们比起来，自己差远了。下次同学聚会，她再也不去了。

有时候，你为自己感到烦恼并不是你做得不好，也并不是你不够优秀，而是跟有些人比起来，你做得不够好，你还不够优秀。对于自己身上不如别人的地方，每个人有不同的看法，而这种看法直接决定你的生活态度和生活品质。

有一个女孩，从小在农村长大，家庭条件也不好。很小的时候她就要帮家人干活，在太阳地里直晒，所以皮肤很差，又黑。小时候她不觉得什么。长大之后，特别到大城市工作，跟同事们比起来，她常因为皮肤的问题产生焦虑情绪，感觉周围的人都在盯着她的皮肤看。她变得很敏感，只要同事们谈论化妆品、护肤品之类的话题，她就会借故走开。

因为觉得自己很差劲，所以她几乎不敢在单位大声说话。每次开会，她总是坐在最不起眼的地方。别人说她，她也从来不还击。她知道很多同事在工作上占她的便宜，经常让她做一些分外之事，但她也从来不敢拒绝。她害怕别人嫌弃她。她很压抑，很痛苦。她认为这一切都是因为自己的皮肤造成的。所以她经常幻想，要是自己的皮肤能光滑一点、细嫩一点、白皙一点，她绝对不会像现在这样懦弱！

其实，这个女孩即使现在的皮肤粗糙、黝黑，她也可以不像现在这样懦弱。她犯了一个很多人经常犯的错误：把自己的生活状态的不足归结于自身的某一个缺点上，而更错的是，他们认为只要这个缺点不改，她就没有出路。

而事实上，她的出路却有很多，她在单位是最勤快，最能吃苦的人，她是最质朴，最不斤斤计较的人，我相信这些好的品质如果被老板看在眼里，她也能成为老板的"红人"。只要她不去参加皮肤选美之类的比赛，她完全不用考虑皮肤对生活的影响。

我们经常会看到很多被嘲笑的对象，客观的说他们身上确实有一些缺点。譬如，我有一个小学同学，从小就非常的胖，胖得让看到她的人都感觉透不过气来，所以班上的同学都习以为常地叫她"肥猪"，但她从来不在乎。随着年龄的增长，她的体型一点也没有得到优化，从一个小圆球变成了一个大圆球。

她从来没有因为自己的肥胖而觉得比别人低一等。相反，她知道肥胖只是她形体上的体现，判断一个人是否优秀，是否有能力，是否成功与她的形体并没有绝对的关系。所以，她经常对我们这些同学说："不要看我有些肥，但我是肥得很有姿态哦！"对呀，韩红也很肥，但是她的歌唱得好，照样也很优秀。这又有什么关系呢？

每个人都有自己不同的活法，不同的活法可以有不同的精彩！你生活中的一些精彩别人不一定会有。郭德纲的相声中有一段"你别老往上比，你往下比呀，还有好多不如你的呢！"

一个卖菜的小贩跟一个穿金戴银的富太太比起来，她就会感到自己很弱小，说话声音也弱弱的，感觉比对方低了一等；但是这个小贩若是跟隔

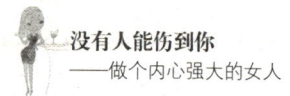
没有人能伤到你
——做个内心强大的女人

"不要看我有些肥,但我是肥得很有姿态哦!"

板摊位上的小贩比起来，就会觉得自己还不错，每天比她卖的菜要多，收入多，所以她说起话来，也轻松自如。

要想战胜自己的自卑感、强大自己的内心，就必须正确地看待"比较"两个字。有的人通过比较让自己变得强大，但有的人通过比较让自己变得弱小。前者通过比较，看到自己的不足，通过改变来完善自己，让自己变得更加优秀；而后者比较的结果往往是打击自己的士气，让自己对生活失去信心，甚至是对别人充满怨恨。

外来的比较是我们心灵动荡不能自在的来源，也使大部分的人都迷失了自我，障蔽了自己心灵原有的氤氲馨香。有很多的人在某些方面比你强。但是你要记住，那些不算什么，做最好的自己才最重要。

把自己的优势挖掘出来，暂时性地忽略自己的劣势。不妨把你的优势跟别人的劣势进行比较，跟那些不如你的人去比较。你会发现，自己还是很优秀，很幸运的。

你相信命运天注定吗

如果你算过命,你会有这样的感受:当算命先生说你前途无量的时候,你心情愉悦,对未来充满向往和期待,做起事来也充满干劲,觉得日子越过越好;而当算命先生说你将来无所作为,或是要经受大灾难的时候,你浑身就像泄了气一样,沮丧感油然而生,以后经受一点挫折也会不由自主地把挫折与算命先生之前所说的话联系起来(尽管你不承认这点,但事实上确实如此,你的情绪也在不自觉中会体现出来)。

去算命是女人们经常干的事。越是心里没底的去人,越依赖算命先生。一个做事胸有成竹的人,依靠自己就好了,还有什么必要去求神仙呢?

去算命其实是抛开自己的信心,而一心依赖神仙救助的某种行为。

你相信算命先生对你命运的预测吗?现在我们就来破解一下算命先生的秘密。

在生活中,我们常不自觉地借助外界的信息来了解自己,认识自己。很多人容易受到外界信息的暗示。当别人说你行的时候,你感觉自己行;当别人说你不行的时候,你的信心顿时大减。因此,很多人常常迷失在外界的环境中,把他人的言行作为自己的参照,而忽视自己的真实情况。

如果你去算过命,你会有这样的感受:当算命先生说你前途无量的时候,你心情愉悦,对未来充满向往和期待,做起事来也充满干劲，觉得日子越过越好；而当算命先生说你将来无所作为，或是要经受大灾难的时候，你浑身就像泄了气一样，沮丧感油然而生，以后经受一点挫折也会不由自主地把挫折与算命先生之前所说的话联系起来。

又如，常常有些爱做梦的女人也喜欢给自己"释梦"。当她某天做了个自己定义的好梦时，那一天的精神都会愉悦；而当某天做了个有"不祥之兆"的梦后，几天都心神不宁，总觉得自己要发生什么不愉快的事。

苏红就是这样一个女人，她非常在意别人对自己的评价与预测。她相信命运，爱算命，也爱找人释梦。她的生活并不如意。在婚姻上，丈夫与她感情不合，分居多年；在工作上，她工作了十多年也没得到什么升迁。她把这一切都归于自己的命不好。

有一次她碰到了一个算命先生。待她报上了生辰八字后，算命先生看着她一副憔悴的面相，又是问婚姻之事，心中马上就有了几分底，但仍佯装掐指捏算，口中念念有词。之后，说她性格内向，没有大的理想；婚前对婚姻充满期待，但婚后常有口舌之争，婚姻不幸；在她32~35岁这几年间，夫妻常会因一些感情纠葛磕磕碰碰，甚至有离婚的可能；在事业上也犹如乌云遮月，总不见光明。最后，算命先生一再强调那几年间一定要当心婚姻变故，发生什么事都要忍让，宽容。

几句话说到她的心坎上去了，她觉得算命先生算得很精准，并对他佩服得五体投地，而且非常感谢算命先生对自己善意的提醒。

以前跟丈夫吵架很凶，现在她学着"忍让"了。夫妻的矛盾由热战变成了冷战。夫妻二人几乎成了不说话的陌生人。家庭纷争看似确实比原来少了一点（其实问题并没有解决，两人原来还吵架，现在基本上不沟通了）。

从此以后，苏红变得越来越迷信，通过读各种版本的"心理测试"和

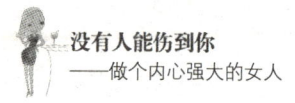
没有人能伤到你
——做个内心强大的女人

"周公解梦"来分析自己,预测自己,有时候还帮助别人预测命运。

由于生活不如意,她常常失眠,好不容易睡着了却做一些"兆头不好"的梦。后来居然发展到因为梦不如意而生活不如意。一旦做了个兆头不好的梦就乱发脾气,失眠更加严重。

其实,苏红的不快乐很大程度上在于她太容易受到他人的暗示,而忽视了自己的需求和改变自己生活的能力。当你的情绪处于低落、失意的时候,心理的依赖性也大大增强,受暗示性就比平时更强了,加上算命先生善于揣摩她的内心感受,使她感到一种精神安慰。算命先生接下来再说一段一般的、无关痛痒的话便会使她深信不疑。其实,只要有点心理常识的女人就知道算命根本是没有科学依据的。

很多人或许早就发现了算命先生的秘密。其实,算命先生总喜欢说一些模棱两可、笼统的、一般性的描述套在你身上,让你感觉到他算得真"准"。

这种心理倾向在心理学上被称为"巴纳姆效应"。巴纳姆(P. T. Barnum)是个有名的杂技艺人,十分受人欢迎。而他受人欢迎的诀窍就是"永远要让每个观众都感到自己若有所获"。

如果你是个信"命"的女人,那么看了下面这段话,你就会知道自己为什么对一些所谓的"半仙"和"心理测试"深信不疑了。

你非常需要别人喜欢你,你也非常需要别人佩服你。你对自己往往求全责备。你有大量潜能尚未开发利用,你还没有把它变成你的优势。你在人格方面有些弱点,但一般来说你有能力加以弥补。

你在某些适应方面有一些问题。表面上,你遵守纪律,服从管理,但在内心往往感到烦恼和没有安全感。你时常对自己的所作所为充满疑惑。不知道自己做对了还是做错了。你喜欢变化和时常换换花样,对约束和限制感到不满。

你为自己的独立思考能力自豪,并且不接受那些未经可信的证据证实的观点。你发现,过于坦率和让别人了解你的一切是不明智的。

有时你是外向的,你和蔼可亲,容易交往,善于交际,但有时你又是内向的,小心谨慎,沉默寡言。你渴望的一些东西可能是相当不现实的。

上面这段文字,摘自美国心理学家库恩等人著的《心理学导论:思想与行为的认识之路》,是心理学家们使用的材料。一位心理学家把这段文字读给参加测试的79位大学生听,其中除了5人,其他大学生都觉得非常准确地抓住了自己的人格特征。

现在,请你再读上面这段文字,你是否有种上当的感觉?我们经常在一些不严谨的,所谓的"心理测试"中看到这样的话。有的人觉得"太准",有的人则一笑而过。这是因为每个人受暗示的程度不同。那些求助于算命的人本身有容易受暗示的特点,所以很容易上当;而那些算命先生也常常用"心诚则灵"来给求助者打预防针。

易受暗示的人是巴纳姆效应的受害者。他们常常活在别人的言语里,被别人所困,使自己不能自拔。所以,我们要避免受骗于"巴纳姆"。而要避免巴纳姆效应,就要客观真实地认识自己,相信自己。这就需要我们有对自己正确的判断能力,不要盲目轻信别人,要对自己的生活充满信心。

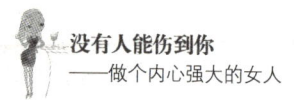

你为什么不快乐

有一个故事,讲一个人因生意亏损,不仅失去了全部的积蓄,还负债累累,为此,他几乎失去了生活的斗志。有一天他走在路上的时候突然看见一个没有腿的人迎面而来,他坐在一个木制的装有轮子的可以旋转滑走的椅子上。这个人虽然不能行动,但是显得非常有精神,主动微笑着向他打招呼。

就是这个招呼让这个人顿时恢复了对生活的希望,因为当他站着看轮椅上的那个人的时候,他感觉自己是多么的富有。"我有两条腿,我可以走。"他对自己说:"要是没有腿也可以感到快乐和自信,我有腿,当然更可以。"他的胸怀顿时开阔起来。

我们习惯与比我们富有、幸福、优秀的人做比较,以前的我很多愁善感,常常感叹上天给了自己太多的缺陷和不足,总是埋怨自己怎么生得如此弱小,心中有一种挥之不去的自卑感。

后来,通过阅读许多有益的书籍,我正确地认

> 平衡心态,保持乐观和自信,只要做到两点就够了:改变可以改变的,接受不能改变的。接受不能改变的,是一种豁达与坦然;改变可以改变的,是积极而主动的人生态度。

识了自己,仔细想想,我其实是比较幸运和优秀的。看一下周围的人,有比自己条件差很多人的不照样过得很快乐吗?或许我没能拥有一个强健的身体,但至少我是健全和健康的,我能走,能跑,还有很多人一辈子只能坐在轮椅上,很多人一辈子都见不到光明;或许我的事业还没有什么大的成功,但是至少我能养活自己,能够享受工作带来的快乐和喜悦,还有很多人找不到工作,或是做着一份自己不喜欢的工作呢!或许,我常常觉得日子简单,无聊,乏味,但我至少还拥有自由,可以做我自己想做的事;或许我觉得自己什么都不如别人,但我至少还拥有生命,还能好好地生存在这个世界上,而因为疾病或灾难离开人间的人每天又何其多?

"我没有鞋,他却没有脚"。没有鞋穿的人当初总是为没有鞋穿而忧郁,而那个没有脚的人却整天快快乐乐的。面对同样的处境,每个人的心态不一样,对生活的态度就会不一样。乐观的人看到的总是一个充满阳光的世界,能够以平和的心态对待所有的坎坷和烦恼,而忧郁的人总是唉声叹气的看待世界,心里面有着无数的烦恼和痛苦。

当你对自己的现状不满的时候,不如换个角度看问题。我们不能控制自己的遭遇,但可以调整自己的心态。就如改变不了别人,我们可以改变自己;改变不了事情,但是我们可以改变态度。

平衡心态,保持乐观和自信,只要做到两点就够了:改变可以改变的,接受不能改变的。接受不能改变的,是一种豁达与坦然;改变可以改变的,是积极而主动的人生态度。

改变可以改变的:

一般我们心理不平衡的时候,总是觉得自己不如别人,如果当你从不如别人,到赶上别人,甚至超越别人后,你的心理就会发生很大的转变,就会有优越感、成就感以及满足感。既然如此,那为什么不去做呢?

从客观上说,每个人身上都有缺点,而这些缺点有些是可以通过后天的努力去弥补的,以前我曾因为自己的工作不如别人,工资低于别人而自

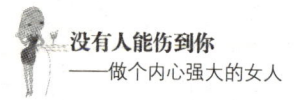

卑过，后来当我不断地学习，终于有了一份让人羡慕的工作，并在收入状况上得到很大改变后，我的优越感无形中就产生了。

我们的习惯、能力、心态等这些都是可以改变的。你长得不够漂亮，但你可以把自己打扮得漂亮；你的天赋不够高，但你可以笨鸟先飞；你天生不是"富二代"，但你可以让自己成为"富一代"。

接受不能改变的：

有一个人乘船往英国，途中忽然碰到狂风暴雨的袭击，船上的人都惊慌失措，他却看到老太太非常镇静地在祷告，眼神显得十分安详。风浪过后，这个人十分好奇地问老太太："你为什么一点都不害怕呢？"

老太太说："我有两个女儿，大女儿程昕已经到了天堂，小女儿玛利亚就住在英国。刚才风浪大作的时候，我就向上帝祷告'假如接我到天堂，我就去看看程昕；假如留我在船上，我就去看玛丽亚。'不管往那儿，我都可以和我心爱的女儿在一起，我怎么会害怕呢？"

一个人的长相、天赋、家庭出身、身体状况、灾难都是无法改变的。如果你非要纠结于这些无法改变的事情，觉得上天不公，你就等于浪费自己的人生，更重要的是，你会因此错过很多美好的东西。

一个人不可能时刻都一帆风顺，总会有不可预知的困境突然降临，我们无力去改变环境，就要坦然面对现实。人总是在现实中生活，当失败到来而你无力回天时，那就昂起胸膛接受它。此时的哭泣和软弱只会让你沉浸在一种消极的情绪之中，不如早点走出来，想想生活该如何继续。

第❷章

有心理优势，才有宽松的生活氛围

工作和生活中的较量，很多情况下不是靠能力，而是靠心理。你越有心理优势，你就越自信，你的生活就会越轻松。现在起，建立你的心理优势！

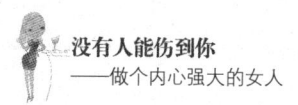

争取宽松的生活氛围

我认识小雪的时候,她刚刚大学毕业,到北京找工作。她的个子很小,看起来弱不禁风。她的写作能力不错,被招聘到了我们部门工作。虽然她没什么工作经验,但是写起东西来却不亚于那些经常写文字的人。

然而,在这里工作了两个多月,她就回家了,因为家人希望她留在家乡。女孩子嘛,稳定、安全是最重要的。在外面漂着总是让家里人不放心。

她当时很纠结,不知道如何取舍。她不愿意在小地方生活,舞台太小心太大;但是又觉得北京对她来说很陌生,没有一个亲戚朋友能支援她,而且她又是那么弱小。当时她的工资待遇不高,租住的房子条件也很差。如果回到家里,父母的疼爱自然少不了,要是能进到亲戚的一个工厂做事,那就更不用考虑生存和生活的问题了。

她把我当成知心朋友,我们聊了很多。我说一个人不可能总是做自己有把握的事,很多事情的开始都需要我们硬着头皮去做。就像我当初一个

一个女人可以生得不漂亮,但是一定要活得漂亮。活得漂亮就是活出一种精神、一种品位、一种境界。你只要对自己有信心,坚持自己的信念,相信没有谁可以阻碍你的进步。

人来到北京的时候,也是那样的弱小,那样的无助,但是我知道我的未来肯定会发生变化,不可能一直都弱小、无助下去。我不停地给自己打气,并不断地学习。现在不也过上了理想的生活吗?房子、车子、孩子以及事业——这些毕业时从来都没想过的事,都逐一变成了现实。

聊了两个小时,最终她还是选择了回家工作。在稳定和平淡以及冒险与理想的组合中,她选择了前者。

没想到,一年之后她又来到了北京。她说在家平淡的生活并不是她想要的。每天重复着同样的事情,看到同样的人,去同样的地方,就连写的文案都是同样的模式,没有一点新意。她知道那种生活虽然安逸,但是自己不满足。

现在的她,完全没有了当初的青涩和无助。在一个公司待了三年,已经是一个老员工、老板的得力助手了,做事干练,泼辣,迅速。我的好几个朋友想通过我把她挖到自己的公司去。她对自己的现状非常满意,很庆幸当初的"二进京"。

一个人要知道什么样的生活才是自己理想中的生活,然后通过自己的努力去实现。

如果有人问你"你最近过得好吗?""你觉得现在的生活是你想要的吗?"你会怎样回答。理想中的生活状态,是谁都想要的,无非是少点生活压力,比身边的人都强那么一点点,最好能实现自己的人生价值……

在很多女人的认知中,身体健康,有一份稳定的职业,每个月都有收入进账,家庭圆满,夫妻和美,不用为柴米油盐和疾病伤痛等杂事操劳费心,就是生活得"比较好"的状态,但是你很难保证当你获得这些的时候,你就能感到自己是幸福的。

当你只花200元就能买到精致的雪纺绸衫和漂亮的手提包时,你仍然会迫不及待地用半年薪水去换一款LV的限量手袋;虽然你已经住上了让很多女人都羡慕不已的两室一厅,但你还想买一套100多平的复式新居……是

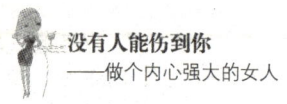

的，人的欲望本来就没有止境，尤其是对于一个心智正常的女人。

一个女人可以生得不漂亮，但是一定要活得漂亮。活得漂亮就是活出一种精神、一种品位、一种境界。你只要对自己有信心，坚持自己的信念，相信没有谁可以阻碍你的进步。

女人应当懂得自己才是生活的主人，以自己的本色活着就是对生命的最大尊重。当你说出了你想说的，做了你想做的以后，你会觉得你的人生没有留下任何遗憾。为自己争取更好的生活，需要保持一种健康、乐观的心态，拥有一颗热爱生活的心。

战胜内心的"魔"

一旦丈夫不给她发"工资"，她就会面临失业！从工作性质上来讲，丈夫就是她的"老板"，但是作为"员工"，主动权总是在老板身上的。跟丈夫在一起，她完全没有心理优势，因为丈夫换一个"员工"太容易了，而她换一个"老板"，却太不容易。

女人要有驾驭自己生命的能力，自己能够掌控一切。当一切尽在掌握中时，你会感到很踏实，很痛快！

说到底，一个人的自信，就是一种可掌控感，而这种可掌控感会直接影响到我们的幸福感。

有一项针对国内外华人女性的调查统计显示：将近七成的女性感到自己很幸福，二成左右的表示自己不太幸福，还有占一成的女性觉得幸福是件稀缺物品。

第 2 章
有心理优势，才有宽松的生活氛围

在这些缺乏幸福感或者觉得遭遇不幸的女性中，存在着各种各样的原因：竞争压力太大，每天在单位受批评，工作成绩得不到认可；离乡背井独自漂泊，感冒发烧了没人照顾；当上"房奴"，想到还贷就头晕脑胀；老公"出轨"，只能勉强维持名存实亡的婚姻；遭遇家庭暴力，对方为一点小事就针锋相对、大打出手；别人都很羡慕，但自己却感觉日子索然无味……幸福仿佛与她们绝缘。

这种情况下，我们需要战胜的是内心的"魔"，它是一个消极、完全暴露你内心缺点的魔鬼，一旦内心被它占据，你就永远处于被动，过着被动的生活。

小芸和莉莉是大学同学，关系很亲近。她们大学毕业后就各奔东西，但仍然保持着非常密切的联系。

小芸一向都很独立。毕业的那一天，她就整理行装，踏上了南下深圳的火车。初到深圳，人生地不熟，她找了个小房子跟别人合租，然后每天四处跑人才市场，忙着参加各个公司的应聘和面试。

几经周折后，小芸进了一家合资企业，开始做市场开拓方面的工作。她经常早上六点半出门，晚上十点以后才回家，大大小小的事务千头万绪，纷繁复杂，让她感到快要喘不过气。不过，在这样高强度和高负荷的压力下，她的业务能力和工作经验都快速得到了提高。

三年时间，小芸由一个业务员做到了中层管理人员，主要负责公司的管理培训工作。因为她是从基层一步一步往上走的，对于单位的各项流程和业务都非常熟悉，也积累了丰富的人脉资源。她实现了毕业后的第一个三年规划，并希望在未来三年内可以实现自主创业。

与小芸相比，莉莉有着截然不同的境遇。莉莉毕业后留在了当地城市，一直想嫁入豪门的她，凭着自己的美貌和温柔的个性，如愿以偿地嫁给了一个事业成功的男性。丈夫有自己的公司，婆家有几套房产，价值好几百万，她也就很自然地辞掉工作，当上了全职太太。

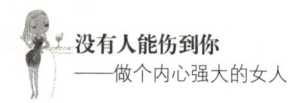

小芸和莉莉虽然身隔万里，但经常一起网上聊天。这天，她们又在网上遇见。小芸笑着说，"你现在有夫有子万事足，日子过得还好吧？"出乎意料，莉莉却回答道，"不好！"

小芸说："你现在生活富裕，又是贤妻良母，这不是你一直想要的生活吗？"莉莉回了一个很沮丧的表情，"我现在是'闲妻晾母'，有什么好的！我老公成天不在家，跟我也越来越生分。现在整天跟婆婆在一起。她总是嫌弃我，觉得我的一切都是她儿子给的，我几乎快要崩溃了。"

莉莉很想出去工作，但是又没有勇气。她才三十岁出头，很想改变现在的生活状态，但又不知道怎么去改变。她现在的工作任务就是照顾好家庭和孩子。丈夫每个月给她发"工资"，她的工资用于家庭生活支出，而丈夫的收入多少，她一点也不知道。

小芸是一位事业女性，她工作非常出色，不断地实现自己的人生价值。她所拥有的一切都是靠自己的努力获得；相反，莉莉不想太累，就早早结婚，嫁了有钱人，过上了衣食无忧的"幸福"生活。尽管她达到了物质上富有的目的，但她在精神上严重营养不良。她并不如想象的那么幸福。显然，她对现在的生活状态无法掌控已经产生了焦虑。

这就像电视剧《夫妻那些事儿》中的安娜与夏宁海一样。安娜本来是学设计的本科生，可是毕业后嫁给了做生意的夏宁海，之后为他生了三个孩子，完全变成了家里的保姆。虽然她每天逛商场，消费很高，但是从心理上，从来不是家庭的主人。在家办party也不敢让丈夫知道；自己的金钱支配权不超过一万，甚至丈夫在外面找小三，她也只是忍气吞声，因为她怕自己"失业"。

一旦丈夫不给她发"工资"，她就会面临失业！从工作性质上来讲，丈夫就是她的"老板"，但是作为"员工"，主动权总是在老板身上的。跟丈夫在一起，她完全没有心理优势，因为丈夫换一个"员工"太容易了，而她换一个"老板"，却太不容易。

第2章
有心理优势，才有宽松的生活氛围

她每天小心翼翼的，最终也没有逃过"失业"的命运。最终丈夫转移财产后人间蒸发，连房子也没给她留下。这些都是她自己造成的。要是开始她把自己定位成女主人，那么她就是一个女主人；可惜她开始就把自己定位成了"员工"，所以注定了她的被动生活。在离婚时，她继续处于弱势地位。

由此可见，把握生活的主动权，最核心的问题就是独立。有很多人经常说，经济独立是最主要的，我却觉得精神独立才是最主要的。有独立的思想，独立的人格，独立的情感。有一种"即使天塌下来，我也能自己扛"的勇气。

当然，并不是说女人嫁入豪门，花丈夫的钱就一定有依赖思想，不独立。事实上，我身边也有很多的女人有"男人挣钱女人用"的思想，她们照样过得有滋有味。一方面，她们花丈夫的钱恰恰是在增强丈夫的责任感，让丈夫知道她是需要疼爱的；另一方面，她们有自己的经济收入，一旦丈夫不给她钱花，或是离开了她，她照样能养活自己，让自己过得很好。

幸福不是上天恩赐或者坐着等来的。"靠山山倒，靠人人倒，靠自己最好"，女人是否能够拥有幸福，决定权在于自己。

如果你自信了，你就不会为了容颜老去而感到苦恼，更不会因为自己脸上一点雀斑而打不起精神；即使丈夫狠心离你远去，你的世界仍然不会垮掉；即使面临失业，你仍然可以找到一份自己喜欢的工作。不管什么外在的因素都动摇不了你的意志。

记住，女人的双手不只是用来洗衣做饭的，还能做出很多惊天动地的大事来！

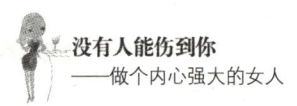

把自己搁在"安全罩"中

对于女人来说,生活在这个社会里说难也难,说容易也容易。只要你敢于挑战你的内心,就有可能博得一举成名的机会。说白了,只要你内心足够强大,你就有可能在短时间内成名。

芙蓉姐姐刚刚在网上横空出世的时候,网友们对她骂声一片。一个小女子,相貌中上等,身体微肥,来自农村,一心想考北大或清华的研究生,三次未果,经常在网上发一些自己的生活照,她素面朝天地大摆自己的S造型,且有时不戴胸罩,还配有流畅抒情的文字。

"我相信,在茫茫人海中,我的出现一定可以使你眼前一亮……"

"我天生就是一个很焦点的女孩,长了一张妖媚十足的脸和一副性感万分的身材,穿着大胆张扬,个性叛逆嚣张,在各种场合都出尽风头,自然被我'勾引'来的男人数不胜数。"

"我是柔媚风情的水滋养出来的妖魅,有着水流般的曲线,水浪般的激情,水态的沉静和温柔,

> 一个人只要内心足够强大,什么事对她来说都是小菜一碟,她甚至可以对一切与自己相关的事都做到冷眼旁观。

水质的纯净和甘美……"

自从她那"令人喷饭"的照片、以及"狂舞清华"的视频片段在清华、北大、天涯等BBS上转载后。她便"一贱成名"。自恋狂,恶心……只有想不到的,没有骂不出的,有网友曾以"人至贱则无敌"来评价她。还有很多网友对芙蓉姐姐进行疯狂的恶搞,随意的歪曲。可以说,她几乎是被网友们骂红的。

她的知名度并不是她的几个S造型就能打出来的,而是在于她与网友们有趣的互动。试想,有几个女孩敢像她那样,到处宣扬她的自恋宣言,不化妆就上镜,扭着肥胖的腰展现舞姿,还上传到网上。不是有很多的女人,为了维护自己声誉,在"人言可畏"中自杀了吗?

不管是赞扬声,还是辱骂声,她统统接受,越是受人关注越好。对于骂出名的人来说,这需要多么大的勇气和承受能力。现在芙蓉姐姐出名了,开始了商业活动,开始盈利了,她的目的达到了。之前的一些"吐沫星子"她总算没有白挨。

用她自己的话来说,她是靠"精神"红起来的。在她看到,她比木子美、流氓燕那些一脱成名的网络红人强多了。有记者说她非常自信。她回答"我非常自信。这种自信来自别人给我的评价,来自生活。我身边很多朋友都非常喜欢我,我做很多事情大家都很佩服我。我觉得我很出色啊,做什么事都要正确认识自己,他们说我难看,我觉得他们说得都不对,我干吗要介意他们说什么,我就不理他们。"

可见,无论是靠哪种方式红起来的人,芙蓉姐姐、凤姐亦或是其他人,都有足够强大的内心支撑她们的行为。让我们来看看,她是怎样做到这一点的。

首先,将自己置之事外。但凡一个正常人,在做了不寻常的事情之后,都会预测将会获得什么样的大众反馈。这个时候,无论外面火药味有多浓,她自己在一个安全罩中,悠然自得地看着外面的吵闹就好。吵闹声

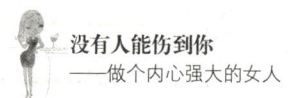

没有人能伤到你
——做个内心强大的女人

无论外面火药味有多浓,她自己在一个安全罩中,悠然自得地看着外面的吵闹就好。吵闹声越大,她越得意。

越大，她越得意。说明她的影响力越大。这对她来说又有很大的成就感。本来她是一个演员，当大众对她的评论多起来之后，她就变成了一个导演。她来观察别人的反应，并很顺利地引导大家把这个讨论激烈地进行下去。到最后，她自己偷着乐。

其次，不跟人较真。人生就是一场表演。有些事情要是较真，就进行不下去了。在她的脑子里，她把那些反对自己的人过滤掉了，只保留了支持自己的粉丝们。那些骂声，就当被骂的对象是别人好了，自己只是个过路"打酱油的"。

最后，始终把握主动权。既然预料会发生一些口水战，那就让战争来得更猛烈些吧。反正不会因此而改变主意。对于那些骂自己的人，芙蓉姐姐有些伤心，但是她说"无论怎么解释都没有用的，我要坚持做自己，用实际行动证明自己，让他们内疚，让他们知道我一点都不软弱。""还有人要我去看心理医生。其实我看过心理学的书，自己就是业余的心理医生，还帮助过别的女孩子。我觉得那些在网上胡乱骂人的人，才应该去看心理医生。"

一个人只要内心足够强大，什么事对她来说都是小菜一碟，她甚至可以对一切与自己相关的事都做到冷眼旁观。

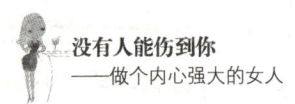

没有人能伤到你
——做个内心强大的女人

有"不怕失去"的气魄

女人在精神上保持独立，就没有被轻易打垮的可能。

很多人说，经济独立了，精神上必定会独立。绝对不是！很多女人在经济上独立，在工作上是女强人，但是在精神上却是个依赖虫，特别是感情生活中。

我们经常看新闻中报道，某个感情大骗子，只是初中文化，其貌不扬，却能把一些企业女老板，高级女白领们骗得团团转，心服口服地掏出全部身家让他去挥霍。直到某天人去楼空也不敢相信自己受了骗，并且完全不能接受这样的事实。

这些上当的女人完完全全地把自己交给了对方，而对于骗他们的男人来说，一般不会开口就要钱，他们会慢慢地拿捏她们的要害——精神空虚，急切寻找依赖，然后投其所好，直到自己有把握来控制他们了，才会找各种理由向她们索要钱财。而那些女人们好不容易找到一个合心意的人，担心惹他不高兴或是失去他，所以就任凭对方的摆布，即

> 每个人都有脆弱的时候，都有无助的时候，但是永远不要让别人知道你的脆弱和无助。永远都要在精神上保持一定的高度，否则你就可能被人拿捏住。

第2章
有心理优势，才有宽松的生活氛围

使想拒绝也狠不下心来。

一个人控制另一个人最好的办法就是——投其所好。感情骗子知道这些女人不缺钱，缺的是精神上的慰藉，于是，他们便在精神上满足她们。久而久之让她们对自己形成依赖。当女人们完全依赖他时，也就是掌控她们的时候了，就会趁机提出各种各样的要求。

能在精神上保持独立的女人，是不会上当的。因为她们坚持自己的想法，不怕失去对方。

每个女人在内心都有点"爱情精神依赖症"，但是有的女人让对方知道了自己的这个缺点，而变成了对方的俘虏；而有的女人没有把这个缺点表现出来，或是没有表现得那么明显，所以她越是能做到让对方依赖于她。

这就像《金枝欲孽》中有一句台词说得很好，"女人若想得到男人的心，下下策是千依百顺；较上策是若即若离；上上策是求而不得。"

得到的，不怕失去——就是最好的心理优势！

与之相对，还有一种心理优势就是——没有得到的，不去稀罕！

在我上大学的时候，学校有一个出名的"花美男"吴艺。有很多女孩暗恋他，主动地接近他，纠缠他，他也交过很多的女朋友。在所有女生为他躁动的时候，我们班上就有一个古怪的女生欧阳偏偏对她不感兴趣。

有一次，吴艺到食堂打饭忘了带饭卡，正好欧阳就在他后面排队。吴艺扭过头来就跟她借卡用。在这之前两人算是有过一面之缘，两人一次参加过学校组织的一次活动。大概吴艺认为以他的知名度，学校的女生应该都对他有好感。

可是，欧阳却没好气地对他说："我跟你很熟吗？"这句很不客气的话让吴艺意外的同时，也给他留下了很深的印象。

这打破了吴艺一贯的思维模式，以往都是女孩对他投怀送抱，现在这个冷美人完全不吃他这一套。这让他吃惊，不甘心。欧阳越是对他不感兴

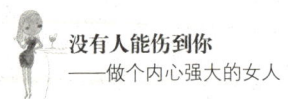

没有人能伤到你
——做个内心强大的女人

女人若想得到男人的心，下下策是千依百顺；较上策是若即若离；上上策是求而不得。

趣，他越是想法接近欧阳，但是他并不顺利，欧阳并不给他机会。其实，并不是欧阳刻意地控制自己，而是她心理独立，正是她的这点与众不同吸引了吴艺。最后，两个人走到了一起，吴艺害怕失去欧阳，主动地约束自己，少了一些沾花惹草的事。

每个人都有脆弱的时候，都有无助的时候，但是永远不要让别人知道你的脆弱和无助。永远都要在精神上保持一定的高度，否则你就可能被人拿捏住。

现在的很多女人都比以前的怨妇们聪明多了，知道如何保护自己，建立自己的心理优势。她们有自己的精神世界，而且不让人随便入侵。比如，在婚姻中，她们可以给丈夫洗衣做饭，但是丈夫永远猜不透她的心理，"他是不是离不开我啊？""她每天都打扮得那么漂亮出门，可别被周围的男士抢走了啊！""她对我一点都不黏糊，是不是不爱我？"等等。这些问题的答案他们一直在寻找。就像上面我说的吴艺和欧阳的爱情故事一样，当欧阳对吴艺表现得冷淡的时候，吴艺会想，究竟她为什么对我不感兴趣？这个女孩心里到底在想什么？他不能掌控，才有征服欲望。

无论是爱情婚姻上，还是工作生活中，如果你总是担心失去，那么别人就会利用这一点来控制你，不如放松一点，淡然一点，你反而能获得更多。

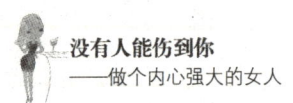

你不必俯视他人

只要细心观察,你就会发现,那些有心理优势的人大多都觉得自己比别人强,权力比别人大,能力比别人强,长得比别人好看,他们说话声音也比较洪亮,他们认为自己处于一个较高的位置,所以当他们看别人的时候,总是用"俯视"的态度;而那些没有心理优势的人却恰恰相反,他们总是觉得自己不如别人,要么家庭条件不如人,要么能力不如人,要么长相不如人……,就觉得比别人矮一截,他们习惯于"仰视"他人,说话声音有时候连他们自己也听不见。

因为外在因素不如人,所以导致心理上处于弱势。这是经常遇到的事情。无论你的外在条件有多么弱,但是有一点你要知道,在人格上你永远和他人是平等的。你的老板从管理层次上讲,比你站的位置高一点,你可以敬重他,但没有必要畏惧他;你的客户从需求市场上讲,他虽然是甲方,在工作上要迎合他的需求,但你并不比他低一等。几年前,我读过这样一个小故事,每次讲到这个主题的

无论你的出生多么的寒微,无论你现在做一份多么不起眼的工作,无论你的身材是多么的矮小,无论你有着怎样的身体缺陷,但是这些并不能表明你的内心是渺小的,你的内心是不完整的,你应该有一个与别人平起平坐的内心。

时候，我总要拿它出来和大家分享。

有一个女孩做销售工作，在第一次出门的时候就赢得了一个大单，这并不是她多么有经验，是她的"一身正气"震住了她的客户。

当时，她要将她的保单推销给一个大的公司。本来她对这样的大公司是充满敬畏，不太敢进去。犹豫很久之后，还是进去了。

当时整座楼层只有一个黄头发、蓝眼睛的外国人正坐在带着玻璃窗的经理室里，敲着计算机键盘。门是开着的。女孩刚想敲门，对方抬头看见了她，问她找谁。

"是这样的，我是保险公司的业务员，这是我的名片。"女孩双手递上名片，心里有些发虚。在学校和老外没少打交道，可眼前这个老外是外国人，而且是个大老板，感觉就有些两样。

"推销保险？今天已经是第三个了，谢谢你，或许我会考虑，但现在我很忙。"老外的发音还是直直的，听不出什么感情色彩。女孩本来也不指望今天能卖出保单，所以毫不犹豫地说了声"Sorry"就离开了。如果不是她走到楼梯拐角处下意识地回了一下头，或许她就这么走了，以后也不会有任何故事发生。

她回了一下头，看见自己的名片被那个老外一撕就扔进了废纸篓里。她忽然很气愤，像是有一只脏兮兮的苍蝇在胸腔里嗡嗡飞转一样，不吐出来就会恶心一辈子的感觉。早就听说干推销这一行很让人轻视，遭白眼是经常的。现在是体会真切。

于是她转身回去，敲了敲门，用英语对那个老外说："先生，对不起，如果不打算现在考虑买保险的话，请问我可不可以要回我的名片？"

老外的眼中闪过一丝惊奇，旋即就平静了。他耸耸肩问她："Why？"

她平静地回答："没有特别的原因，上面印有我的名字和我的职业，我想要回来。"

"对不起，小姐，你的名片让我刚才不小心洒上墨水了，不适合再还给你了。"

"如果真的洒上墨水，也请你还给我好吗？"她看了一眼他脚下的废纸篓说。片刻。他仿佛有了好的主意："OK。这样吧？请问你们印一张名片的费用是多少？"

"五毛。问这个干什么？"女孩有些奇怪。

"OK，OK。"他拿出钱夹，在里面找了片刻，抽出一张一元的："小姐，真的很对不起，我没有五毛的零钱，这张是我赔偿你名片的，可以吗？"

女孩想夺过那块钱，撕个稀巴烂，然后再摔在这个大鼻子脸上，痛骂他一顿，然后告诉他不稀罕他的破钱，告诉他尽管她们是推销保险的，可也是有人格的。但是她忍住了，礼貌地接过一元钱，然后从包里抽出一张名片给了他："先生，很对不起。我也没有五毛的零钱，这张名片算我找给你的钱，请您看清我的职业和我的名字。这不是一个适合进废纸篓的职业，也不是一个应该进废纸篓的名字。"

说完这些，女孩头也不回地转身走了。没想到第二天，女孩就接到了那个老外的电话，约她去他公司。后来，女孩获得了一份很大的保单——对方公司全体职工的保险。

"这不是一个适合进废纸篓的职业，也不是一个应该进废纸篓的名字。"说得多好啊！社会地位不同，社会分工不同，给人的感觉就是人有高低之分，其实撇开这些地位、分工，我们每个人不都是人吗？

没有谁比谁更高一级。人格平等是一切平等的基础。无论你的出生多么的寒微，无论你现在做一份多么不起眼的工作，无论你的身材是多么的矮小，无论你有着怎样的身体缺陷，但是这些并不能表明你的内心是渺小的，你的内心是不完整的，你应该有一个与别人平起平坐的内心。

当你的内心不停地告诉自己，"我们都是一样的"，甚至告诉自己"我的人格比他的还要健全、完整"时，你就不会因为自身客观因素不如人而在别人面前卑躬屈膝。倘若你把自己放在最低的位置，那么，别人也会顺势地踩着你,让你永远处于社会的最低层。更可怕的是,这时的你已经被自己的思想奴役了。

委屈不一定能求全

在故事影片《简爱》中有这样的台词:"你以为我穷,不好看,就没有感情吗?我也会的。如果上帝赋予我财富和美貌,我一定要使你难于离开我,就像现在我难于离开你。上帝没有这样。我们的精神是同等的,就如同你跟我经过坟墓将同样地站在上帝面前。"

在婚姻中,男人和女人不可能做到客观上的完全平等,除开两个人原始家庭的背景、各自的能力、地位等外在因素,男女本身在生理结构上就不同。特别是在有孩子的家庭中,女人承载着孕育、哺乳孩子的责任,而这个责任是男人们永远无法替代和感受到的。事实上,一个女人无论如何的洒脱,当她有了孩子,她对家庭和孩子的牵挂要远远大于男人——而这一点往往是男人们的心理优势。

最近碰上了几年前认识的一个小女孩,她比我小将近十岁,我们经常在网上联络。她说自己怀孕了，却在犹豫是否和男朋友分手。她感到很茫然，问我该怎么办。

女孩来自于河南农村，她的男友是北京郊县的。男友在单亲家庭中长大，从小没有母亲，跟爷爷奶奶生活在一起，爷爷奶奶很宠他，但是他的父亲很暴戾。他经常跟父亲抗衡，性格上也有些暴躁。

他们认识两个多月时间就同居了，到现在已经四年多了。开始在一起的时候，男友对她很温柔体贴。她感到很满足。本身从农村来到北京，她一无所有，现在男朋友对她这么好，她非常感激，也就温顺的回应，尽自己之能事地对他好。

她对他几乎百依百顺。他们在一起时的任何决定都是由他来做。慢慢地，她的温顺变成了软弱。有一次，他交代她去做的事，她没有做好，他忍不住就动手打了她，打得她的脸火辣辣地疼。

从小到大还没有人这样打过她的脸，她非常地意外和伤心，一天都没理他。而他就跪在她面前，请求她的原谅，甚至还主动打自己的脸，保证以后再也不会打她了。

看着他可怜的样子，她的心软了，原谅了他。确实，有那么一段时间，他对她疼爱有加，给她做饭，还给她打洗脚水。

然而，很多事有了第一次，就会有第二次，第三次……他不顺心的时候，不耐烦的时候就会莫名其妙地对她大吵大闹，一次次地出手打她，而且一次比一次厉害。她忍让一次，他就打一次。现在的他让她感到害怕。

她本来打算离开他，可是现在却发现自己怀孕已经三个月了。男朋友知道她怀孕的情况下，还时不时地骂她，打他，毫不在意她和肚子里的孩子。

在他们同居四年期间，她已经做过三次人流。最后一次做手术的时候，医生曾告诉她，她的子宫内膜壁已经很薄了，下次如果怀上一定不能再流掉，否则以后可能永远都怀不上了。

这一点正是她最纠结的地方。为了保留自己做母亲的权利，她不能打掉这个孩子。如果离开男朋友，又不想让孩子一出生就没有父亲；但是如果结婚的话，她又害怕孩子在这样的家庭中出生，成长，对孩子不利。

其实，两个人在一起，重要的是都开心，若一个人的开心是建立在另一个人的忍受之上，那这段感情肯定是不幸的。

每个人都有谈恋爱的权利，也有选择离开的权利。如果恋爱、婚姻不能够给我们带来快乐，不能够满足我们的内心需求，就没有必要去强求。本来怀孕和分手是两回事。不能因为怀孕就不能选择分手。你越是这样想，就越是自己画地为牢。

幸福的婚姻，一定是建立在夫妻双方平等的基础之上，这包括双方的人格精神平等、爱情姿态平等、婚姻权利平等。这个女孩的姿态始终低于男朋友，事事都顺着男朋友。即使在第一次男朋友打了她，她也没有反抗，而且很轻易就原谅了他。到最后男朋友对她的暴力就成了一种习惯。

一个男人，也许他是爱你的，但是当他不尊重你，不考虑你的感受，不珍惜你，那么他对你的爱就是一种自私的爱。他想对你好就对你好，不想对你好了就对你拳脚相待。

她的软弱助长了他的暴力。很多女人与丈夫在情感上的纠结，都与孩子有关。她们认为，有了孩子对方就会改变，甚至有的女人用孩子去牵住丈夫的心，他们认为孩子是征服丈夫的一张最好的王牌。可是，事实上，她们自己却在被丈夫征服之后，又被孩子征服了。男人们知道，女人是离不开孩子的，女人有了孩子之后，也更离不开他了。

婚姻中的忍让和宽容要以平等为基础。当你感受到人格不平等时，要懂得与之"抗衡"。"抗衡"不一定是大吵大闹，也可以是一种智慧的自我保护和权益的争取。

你害怕的只是一个"角色"

在餐馆吃午餐的期间,我与同事坐在桌前等餐。旁边餐桌前坐着一个八九岁的小女孩,看得出她很想跟我说话,或许是当时我正想问题,表情较为严肃,所以她没有开口,后来,我的另一位同事满面春风地从外面走过来,手里提了一些凉菜。小女孩马上就非常大方地问:"阿姨,你这个凉菜是在隔壁店买的吗?"同事笑盈盈地回答:"是呀!你要吃一点吗?"

小女孩很客气地对她说:"不用。那个卖凉菜的是我妈妈!""是吗?你妈妈每天很早就过来了,好辛苦呀!"两个人的话匣子都打开了。聊了很长时间,大部分都是女孩在说她的爸爸妈妈,说她的学校生活。女孩很开朗,说话也很有礼貌。我和另一个同事边听他们聊天边吃饭。

过了一会儿,我故意指着跟她说话的那个同事对女孩说:"你知道这个阿姨是做什么工作的吗?"女孩一脸的疑惑。我说:"你猜猜!"女孩摇摇头。我说:"这个阿姨是老师呢!"

可能某一天,为了自己的病情,你在医院对那个穿白大褂医术高明但又不耐烦的某医生低声下气,唯唯诺诺。第二天你却发现他在某快餐店乖乖地排队,或是在公交车站乖乖地等公交车呢!他没有穿白大褂,你没有认出他,你照样在他面前插队,你照样很不客气地跟他挤公交车。那又怎样呢?

女孩马上瞪大了眼睛,把舌头伸了出来,好像自己做错了什么一样,突然就不说话了。接着,我说:"不过,阿姨现在没有当老师了。"女孩这才露出了微微的笑容,但之后话就越来越少了。

对老师的恐惧,几乎是大多数孩子都有的心理。可能有人认为只有做了错事,心虚的孩子才怕老师,事实上并不是这样。很多成绩好的孩子见到老师,同样跟老鼠见到猫一样。

我以前也对老师充满了恐惧,尽管我是一个又听话,成绩又不错的学生。在我的心里,老师的责任不仅是教学生知识,还管理学生。老师有权利惩罚学生,有机会在家长面前告状,所以我在老师面前总是毕恭毕敬的。

有时候,我们不敢直视某人,并不是这个人本身对我们造成了恐惧,而是他的"角色"太有威慑力,让我们不敢靠近。

在北京看病是一件很难的事情,因为患者多,医者少。每次去医院,都是熙熙攘攘,排了长长的队挂号,好不容易看到医生,医生却一脸的严肃,可能因为看病的人太多影响到他的耐心,他总是很不耐烦地说你的病情,如果你反复问,他会更不耐烦。医生总给人一种高高在上的感觉,因为你是他的"病人"。

据我观察,很多病人都对医生充满了敬畏心理。他们跟医生说话时总是特别有礼貌,轻声细语。医生再怎么态度不好,都会忍气吞声。对医生的害怕,一来是从小就形成了某种思维,看到穿白大褂的医生,就害怕他来打针;长大了不因打针而害怕之后,又对自己的病情充满恐惧,生怕医生不高兴了不好好给你检查身体,或是害怕他残酷地对你宣布:"你的病情已经很严重了!""你没救了!"所以,许多人习惯仰视医生。

其实,无论哪个角色,都是跟你一样生活在社会上的平凡人,过着跟你一样的普通生活,只是工作任务不一样而已,可能某一天,为了自己的病情,你在医院对那个穿白大褂医术高明但又不耐烦的某医生低声下气,唯唯诺诺。第二天你却发现他在某快餐店乖乖地排队,或是在公交车站乖

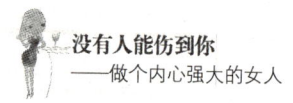

乖地等公交车呢!他没有穿白大褂,你没有认出他,你照样很不客气地跟他挤公交车。那又怎样呢?

女人天生就是坚强的

女人天生就是坚强的,孩子就能证明这一点!

有一句话说"女人因男人而软弱,因孩子而坚强",说得非常有道理。同样一个女人,在男人面前,她是被呵护的对象,她不知道自己有多坚强;而在孩子面前,孩子需要她的呵护,她不得不变得坚强。

我跟一个母亲聊天,聊到了自己的孩子。这个身材娇小的南方女人说,有一年冬天,丈夫出差,她和女儿在家,晚上女儿突然发高烧,家里没有药,必须上医院。外面黑黑的,而且他们住的地方比较偏僻,很少有出租车。本来就胆小的她,晚上从来不出门,但是为了女儿,还是硬着头皮背着孩子在昏暗的小道上走了几站地,才找到出租车去医院。

她笑着说,这要是搁在以前没孩子的时候,简直不可能在她身上发生。生孩子之前,只要自己有一点不舒服,她就让丈夫陪在身边,或是让丈夫陪她上医院、买药。自己就像一个无能的小孩。"没

> "女人因男人而软弱,因孩子而坚强"说得非常有道理。同样一个女人,在男人面前,她是被呵护的对象,她不知道自己有多坚强;而在孩子面前,孩子需要她的呵护,她不得不变得坚强。

想到，我居然那么强！现在晚上出门给孩子到附近的药店买药，背孩子上医院，已经习惯了！现实中的恐惧远远没有想象中的那么可怕！"

我相信，大多数女人因为孩子的到来变得更加坚强。包括我自己在内，以前不敢、不愿、不能去做的事，现在为了孩子不得不去做，而且还能做得很好！

仅仅只是一个角色的转换，就能让女人们在心态上、行为上发生巨大的改变。这说明母性不仅仅是温柔的代名词，还是坚强的代名词。

有些以前看似不可能做到的事，成为母亲后，你完全可以做到，而且会做得更好。我们不是每件事心里有了底才去做，不要太小看自己的能力，也不要太小看自己的承受力。不要总觉得你是一个女人，你是一个软弱的人，那些大风大浪就必须让男人们给你顶着，你就应该在男人们背后撒撒娇、躲躲雨。生命中，有很多的事情，我们女人都必须去承受，有些事你抗住了，你的生命就会上一个新的台阶。

我身边有很多的女强人，原来都是弱不禁风的小女子。她们的成功大多数是逼出来的。客观上说，女人对成功的欲望确实比男人差远了。只是在特定的环境中，她们不得不做出一些选择，不得不逼着自己去成功。谁不想躲在丈夫的羽翼下宁静自足地过日子？但你没这个条件，又想改变生活的时候，就得先从改变自己开始。

在某个论坛里，有个女老板述说了她的艰辛。

她结婚后，因为老公的能干，她过着无忧而又幸福的日子，因为她儿子的到来，更是带给了她前所未有的幸福感。

然而，上天却并不眷顾她。在儿子还不到8个月的时候，丈夫突然因病去世。她的天塌了，她以后怎么生活？怎么养活她的儿子？在她万念俱灰的时候，唯一能给她安慰的，只有她儿子，她对自己说，我是我儿子的天，我不能倒下，如果我倒下了，我的儿子怎么办？谁来照顾他？思量再三，她决定把儿子寄放在娘家，自己寻找出路。可是，她的父母都70多

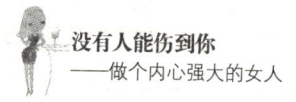
没有人能伤到你
——做个内心强大的女人

了,特别是父亲长年有病在身。父母也只是目前勉强能为她照顾孩子。

她安置完孩子后,跟着朋友到大城市找事做。因为没钱,只能跟别人合伙挤在一间小房子里。找工作也不顺利,最后她决定摆地摊,在人多的路边卖一些小东西。一边卖,一边观察是不是有城管。好的时候,一天可以卖100多元,差的时候才10多元。

就这样,在边卖边与城管的较量中,半年过去了。然而她挣的钱并不够给孩子买奶粉吃。于是,她又回到老家农村,她必须想一条路出来。

有一天,走亲戚时,她发现有一户人家养了很多鸡,很多人去订他们家的鸡蛋,她就想到可以在网上去卖,她就联系好这家人后,再一次来到城市,让家里人帮她发货,她自己去货运站接货。就这样,她开始倒腾土鸡蛋了。

刚开始,没有买行李车,只能凭自己单薄的身体扛。一站地的路要歇十几次,经常成为路上的一道风景。她要把货扛回租住的地方,而且还要搬到楼上去,每搬一次货,她都会累得一点都不想动,饭也不想做,饿了时,猛喝几口水填肚子。

她经常水煮泡面吃,这样方便,又节省时间。她还出去送货,考虑到鸡蛋重,如果发快递,那快递比鸡蛋还贵,所以她每次都是坐公交车,送货上门。

她做生意,讲的是诚信,所以她的土鸡蛋销售不错。现在她的规模越来越大,还雇了好几个人来进货,发货。除了销售鸡蛋,农村的土特产她也有销售。她的日子一天比一天好。

一个娇小的女人,在厄运突然降临的时候,能够扛得起生活的重担。如果不是精神上的自我支持,她早就垮掉了。

有时候,你告诉自己,你不行;生活却告诉你,你能行!你并没有想象中那么脆弱。只要你不想垮掉,无论是谁,无论是什么,都打不垮你!女人天生就是坚强的。

第 2 章
有心理优势，才有宽松的生活氛围

有时候，你告诉自己，你不行；生活却告诉你，你能行！

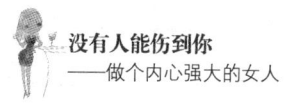

怕了一辈子鬼的人，一辈子也没见过鬼，恐惧的原因是吓唬自己。

世界如此险恶，要保护自己不受伤害

世风日下，人心不古。在外生活多年的女人们或多或少有遇人不淑的经历。在上下级的关系中，处于下级的人往往会有一种心理劣势，总觉得自己的生杀大权都掌握在上级手中，所以很多女人，会吃哑巴亏。

女人都是很敏感的。上司不关注你，会感到受冷落；一旦上司对你态度好，又会让你感到害怕。

小红对现在的这份工作很满意，但是她却每天都不想去上班。为什么呢？因为她不知道怎样去面对一个人。

她长得高挑、漂亮，性格温和，做事有条理。她的上司——一个四十岁左右的中年男子，一直很关心她。没事的时候总是要把她叫到办公室聊天，开始的时候还很正经，慢慢的，上司的眼睛就开始在她身上游离，后来就开始讲黄色小段子。

小红开始还以为自己太敏感。鉴于自己是下属，她的反感只藏在自己心里，每次当上司讲黄段

在心理学上，有一个破窗理论，是说一扇窗户被打破，如果没有修复，将会导致更多的窗户被打破，甚至整栋楼被拆毁。你的回应，对对方有着强烈的暗示性和诱导性。

第2章
有心理优势，才有宽松的生活氛围

子时，她都低着头尴尬地笑。可是，没想到上司居然得寸进尺，发展到与她身体接触。有时候突然抓住她的手，笑眯眯地说"怎么这么冷啊？"或是说"你这件衣服很漂亮啊！我看看什么牌子的？"然后就摸来摸去。

小红的工作没有实际成绩和数据可以评定，是好是坏，凭的都是上司一句话，所以尽管小红很反感上司的行为，但是却不敢严厉地拒绝——这一点也正是很多品行不端男上司的心理优势。他们通过职业权利，让女下属们产生微妙的被威胁感，他们总想着，我有权利让你服从我。而女下属们又怕得罪了他们，而丢了工作。

利用职业的便利，打着工作的幌子，把女下属叫到他的办公室，边夸奖女下属的工作能力，长相等，边对她们动手动脚，或是以加班的名义，要求女下属跟他一起加班……他们的举动通常是以试探性的碰触开始，如果女人不害羞，不反抗，就意味着他的骚扰可以进一步升级，他的脏手可以进一步延伸；但是当女人回避，指责，他的举动就会有所收敛。

欺软怕硬是人的天性。单纯、胆小或自卑的女人常常是别人欺负和伤害的对象。她们习惯于屈服，习惯于打掉了大牙往肚子里咽。她们害怕如果自己不从，后果自负。虽对一再袭来的"咸猪手"深感厌恶，但又怕工作不保，始终不敢言语，但这样的姑息态度，反而让对方觉得比较好欺负，只要逮到机会就对她们动手动脚。

从了他，就等于出卖了自己。在被迫形式下的屈从，都是对自己人格的侮辱。很多男上司花言巧语地哄骗女下属，一是为了满足自己的征服欲，二是为了满足自己的性欲。至于女下属会怎样，这不是他们考虑的事情，他只要知道，在工作上，他把对方紧紧地捏在手中，她不敢反抗就足够了。

为什么有些漂亮女人总是一再地碰到性骚扰，在公交车上如此，在办公室如此，在其他公共场所也是如此；而有些漂亮女人却只能让男人们远观，不敢亵玩？这完全取决于女人的态度。如果你遇到这种情况，你要记住，很多结果都是在互动行为中产生。

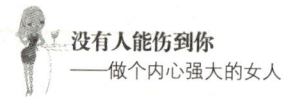

在心理学上,有一个破窗理论,是说一扇窗户被打破,如果没有修复,将会导致更多的窗户被打破,甚至整栋楼被拆毁。你的回应,对对方有着强烈的暗示性和诱导性。

很多女人认为,忍一时风平浪静,其实并没有那么简单。遇到这种事情,很可能让你赔了夫人又折兵。靠这种威胁维持工作,就像在婚姻中靠孩子维持感情一样,不靠谱。如果对方要炒掉你,只是分分钟的事。一旦你的尺度放开,你的噩梦就开始了,你就完全受他控制了。某天,他得逞后仍然可以给你一个莫须有的罪名把你打发走。

你有责任为工作献身,但绝没有义务为某个领导献身。委屈是无法求全的。你们只是工作上的上下级,你不是他的奴隶,你有权拒绝工作以外的任何事情。当你在开始反感的时候,一定要及时地表现出来你鲜明的态度,你可以不那么严肃,但是立场一定要坚定,与男人斡旋,是女人最大的学问之一。

当然,除了你的内心要坚定之外,你的举止也要得体,不要给对方一些"好上手"的错觉。我原来上班的时候,公司有一个女同事,打扮得很前卫,说话泼辣、大胆。

有一天,她很不高兴,认为公司的男同事没有尊重她,当着她的面说一些荤段子,让她不舒服。当她把自己的想法告诉我的时候,我也有点诧异,"没想到你这么在乎,"我说,"你平时不也经常跟他们开一些玩笑吗?"

"我就跟他们开过一次这样的玩笑,当时是一个同学给我发了一条手机短信,我觉得很有意思,就念给大家听。结果念完了又有些后悔了,因为我发现那条短信有点不健康。"

我说:"可能就是那条短信,为他们开了禁。他们认为你对这种笑话不会在乎,所以就当着你的面说一些'男人之间的话题'了,他们应该不是有意不尊重你。"

很多事情在你还没意识到的时候,它已经发生了。你自己的一些不经意的言谈和行为会给他人一些暗示。

第3章
假面时代,大家为什么都要"装"

当你对周围的人和事都熟悉的时候,你就会产生一种可掌控感。当你看清别人强大外表下弱小的内心时,你就会发现自己也很优秀。你要学会观察、判断和分析他人。

不要以为你在孤岛上

孤独感是很可怕的一种感觉。它是一种封闭心理的反映,是感到自身和外界隔绝或受到外界排斥所产生出来的孤伶苦闷的情感。为什么说"老乡见老乡,两眼泪汪汪",就是因为找到了组织,找到了自己人。

在人们的潜意识中,一方面,群体的力量总是大于个人的力量,而且只有找到属于自己的群体,才能团结起来一起对抗外来的压力,这样可以减轻自己的压力;另一方面,通过比较发现自己并不是群体中处境最糟的人,内心中会获得平衡感,又可以减轻自己的压力。

很多年以前,当我刚到北京生活的时候,无依无靠。当时连个落脚的地方都没有,白天跟不熟悉的同事们一起工作,晚上跟一个陌生的女孩挤在一张单人床上睡觉。唯一支撑我的是,我到了祖国首都,去了天安门。这是一个神圣的地方,也是我梦寐以求的地方。我一定要努力工作,在这里站住脚。

> 生活还得继续,在艰难的时刻,很多人跟你一样都在"煎熬"。谁熬过了,谁就会取得最后的胜利和幸福。

然而，到北京的第三天，我随身的钱包被偷走了，单纯的我从来没有料到首都居然还有小偷。这个小偷不仅偷走了我的钱财，还偷走了我的安全感。我欲哭无泪。

自己一无所有，没有任何支援，又对前途感到迷茫。那时候就感觉自己是最无助的人，就像生活在一个孤岛上一样。

现在有很多的年轻人，跟我当初的处境一样。刚从学校出来，一没有工作经验，二没有高的文凭，三没有好的人脉……做点什么事都不顺。动辄说自己孤单，无依无靠，情绪低落，看不到生活的希望。

在我建立的"20几岁就定位"的讨论群中，大多也是这种境况的年轻人。刚进来时，他们都迫不及待地诉说自己的不顺和忐忑，慢慢地，他们发现同龄人大多也处于这个时期，都面临同样的困难。

当你了解了别人的处境后，你就会发现，你原来所处的这座孤岛上，其实还有很多人。你并不是一个人在"战斗"。这样当你面对一些事情的时候，就会更加坦然。

这就好比，以前大家都觉得自己被称为"剩女"的时候，很不是滋味。当剩女成为一种现象的时候，就不再是你个人的事情了，再被别人称为剩女，你也就无所谓了。

人总得面对现实，调整好心态。

其实，现代社会对人们的包容度越来越大。我们没有必要因为一个遗憾去弥补另一个遗憾，更没有必要用一个错误去犯另一个错误。

以前父母们总是教育自己的女儿要守住贞操，如果谁未婚失身，未婚先孕就是伤风败俗的事，丢尽了祖宗十八代的颜面。这样的女孩也常常遭到家人的责骂，最终被迫下嫁给某个品性低劣或能力极差的男人，或索性自杀。

现如今未婚同居，未婚先孕已经是一种很普遍的生活状态了。自己不过是跟大多数女孩一样，破了身而已，有什么大不了的呢！贞操固然重

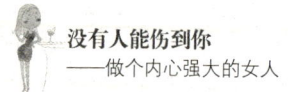

原来你所处的这座孤岛上，其实还有很多人。你并不是一个人在"战斗"。

要,但事情一旦发生,就要正确面对。

你所面临的问题并不会是社会的个别问题,必定是普遍问题。当你意识到这一点后,在一些问题面前你就不会手足无措,局促不安。我们需要淡定地面对生活。你为工作艰辛苦恼,其实大多数人都有这样的苦恼;你找不到男朋友,还有更多比你优秀的人同样没有男朋友;你得了重病,到医院你会发现到处都是重病患者……

生活还得继续,在艰难的时刻,很多人跟你一样都在"煎熬"。谁熬过了,谁就会取得最后的胜利和幸福。

为什么大家都在"装"

那些你所羡慕的,你所敬畏的,你所害怕的对象,他们未必有真的让你羡慕,让你敬畏,让你害怕的事实,或许你只看到了一个表象。

高高在上的东西,我们通常会感受到他的神秘,而正是这种神秘让我们产生距离感,进而产生敬畏或害怕。但是如果你了解了它,你就不会那么想了。黔驴技穷的故事就是一个很好的例子。当老虎第一次见到驴子的时候,觉得它是一个巨大的家伙,把它当做神物。有一天,驴叫了一声,老虎非常害怕,逃得远远的,生怕自己被它吃掉了,可

> 踏踏实实地过日子不好么?为什么要装?这个社会竞争太激烈,如果你不装得优秀一点,别人会看不起你,不带着你一起玩儿。伪装很累,但对于有些人来说,不虚伪更累。

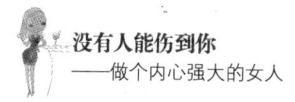
没有人能伤到你
——做个内心强大的女人

是，驴子终究没什么本事，当它被老虎识破后，它的末日也就到来了，最终它被老虎咬断了喉管，吃光了肉。

正是因为人们想要更好地保护自己，同时又想得到他人的认可和敬畏，所以总是力图伪装自己，弱者把自己装得强大；蠢人把自己装得聪明；穷人把自己装得富有，丑人把自己装得漂亮……还有的人把自己装得无懈可击。

朱萍是北京CBD商圈一家外资银行的职员，从上班那天起，她就把自己划归为小资一族。"衣着考究，神情淡然，经济独立，有固定社交圈子，生活品位高。"这是她对小资的定义。

朱萍会把这些定义固化到自己的生活中。她的衣橱里并没有很多衣服，但每一件都是高档面料的名牌服装。她每个月的工资是六千元，但是她会很心疼地花三千块钱买一条裙子，这裙子并不是身体必须的，而是场面必须的。

其实，她并不是挥金如土的女人，她也很节俭。她的工资在北京并不算高，除了跟姐妹们一起出去吃饭进高档餐厅外，她平时在家吃得很简单，有时候为了节省钱连晚饭也省了。有时候连中午饭也不吃，扬言说是要减肥，其实肚子也饿，只能自己带一些零食，因为在CBD吃中饭太贵了。

每次回家，朱萍都在乡亲们羡慕的眼光中，获得满足感。当听到人们说她有出息，她就异常的高兴，父母脸上也有光彩。

中国人有句俗话，叫穷家富路。意思是人在家里的时候可以节俭点，一旦迈出家门，就要表现得富有。不富怎么办，只好装富。打肿脸充胖子，甘苦自知。

你明明不善良，偏要装善良；你明明不强大，偏要装强大；你明明不年轻，却偏偏要装嫩；你明明不聪明，却偏偏要装作很聪明；你明明不富有，却偏偏要装作阔绰；你明明不勤快，却偏偏装作很任劳任怨的样子；你明明很邋遢，却装作很有风度的样子……装，似乎成了一种社会常态。

踏踏实实地过日子不好么？为什么要装？这个社会竞争太激烈，如果你不装得优秀一点，别人会看不起你，不带着你一起玩儿。伪装很累，但对于有些人来说，不虚伪更累。

黎岚是一位产品促销员，在一家家电大卖场工作。她的性格平易近人，总是有什么说什么，没有任何心眼，因此她同周围的同事、领导都相处得十分融洽。今年前三个季度，黎岚的工作干得十分出色。她非常开心，很有把握进入业绩排行榜的前十名。

但是，黎岚万万没有想到：临近岁末年初，当所有员工的业绩都被公布出来时，她竟然发现红纸黑字的销售额同她的实际情况明显不符。

她又气又急，但是却一反常态，不动声色，暗中通过一些途径去打听：原来是部门主管私下在报表上做了手脚，把她的部分业绩据为己有。她很疑惑，还有两位同事的业绩跟她的十分接近，不相上下，可为什么就偏偏挑中她呢？

黎岚想了想，那两位同事的个性强势，稍微吃点亏就不依不饶，纠缠不休。而且，她们常常在大家面前说自己有背景，跟哪位大人物相当熟。因此，平时主管都要让她们几分，又怎么敢拿她俩开刀？而黎岚却乖巧得像只KITTY猫，又总说自己没后台，没托关系……

当她弄清楚其中的原委，想起主管和蔼可亲、体贴周到的模样，她就觉得浑身发抖，真是人面兽心啊！她恨恨地咬紧牙关，"我从来不走后门，不托关系，老老实实做事，踏踏实实做人，但他是不是就以为我好说话，软弱可欺？老虎不发威，还真当我是病猫！"

她马上拿出手机，找到一个电话号码打了过去。她有一位亲戚是单位的董事会成员，但是她从来不想给他添麻烦，情愿通过自己的辛勤工作和实力在单位赢得一席之地。这次却遭遇了职场"潜规则"，她必须要为自己讨个公道，也要检举揭发坏人坏事。

才过了两三天，大卖场的高层人员就对张榜公布的销售额开始进行调

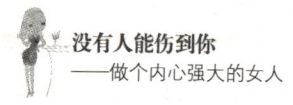

查,很快发现了其中的猫腻,把隐藏的主管揪了出来,对他进行了相应的惩罚,也让黎岚夺回了自己应得的成绩和荣誉。但是,从此以后,她开始变得谨言慎行,注意对周围人设防了。

你看到的那些让你崇拜得五体投地的人,未必真有让你值得崇拜的地方,他们不过在装而已。真正优秀的人其实不在乎太多的外在因素,因为他们有足够的自信让人对他们充满尊敬和赞赏。

你有的,她也没有

年轻时再不羁的女人,到了一定的年龄都渴望一份归属感。现在这份感觉你有,而她没有。我敢断定,她在博取你的羡慕时,实际上是羡慕你的,她只是希望从你脸上的失落为她自己找回一丝平衡。

一个朋友问娜:"你每天规规矩矩地上下班,你觉得这种日子有意思么?"这个朋友当初跟娜同时来到北京,没有找到工作,却找了一个趣味相投的男朋友。她没有固定工作,没有固定收入,每天跟着自由职业的男朋友过着不羁的生活,很是丰富多彩,两人同居很多年了,一直没提过结婚。这几年她们到过很多的地方旅游,他们的收入基本上都花在了吃喝玩乐上,似乎很惬意。

跟她比起来,娜的生活显然要苍白多了,大学毕业就跟男朋友到一个城市闯荡,初到陌生的北京时,娜最大的心愿就是找到一份稳定的工作,不要再像池塘里的浮萍一样,总是被水流冲到未知之处。

第 3 章
假面时代，大家为什么都要"装"

几年的时间，娜终于实现了自己的愿望，在北京买了房，结了婚，现在就等着生孩子，养孩子，夫妻俩再挣点钱买辆车，换个大一点的房子——这是他们的第二个五年计划。日子有条不紊地过着，朝九晚五地工作，周末在家打扫卫生，逛超市添加一些日常用品，偶尔参加一些同学聚会。

几杯红酒下肚，听着音乐，娜感觉体内的活跃分子开始躁动起来，女朋友的几句话居然说得她有了几分的惆怅。自己原以为很幸福，也很满足了，但是原来却错失了很多很多……

这几年来，她几乎没有跟丈夫旅游过，从来没有逛过夜店，结婚之后就吊死在丈夫这棵树上了，自己和丈夫挣的钱都花在了房屋贷款上。以前那些追求自己，多少给自己增加一些虚荣心的那些狂蜂浪蝶现在也不知去向。自己的生活太整齐，太安静！

第二天，娜把她的心事告诉我。其实，我的生活走向跟娜的大致也差不多，只不过我的工作圈子决定了我的社交比她广一点，而且我对自己的生活现状很满足。

我说，你又何必伤感呢，生活方式不同而已！生活就是这样，你选择了这种方式，就会错失那种方式，有得必有失。你朋友现在所拥有的一切——自由、浪漫、暧昧你固然没有，但同时，你现在所拥有的一切——稳定、家庭、充实，她一样也没有。各有各的满足，也各有各的遗憾。年轻时再不羁的女人，到了一定的年龄都渴望一份归属感。现在这份感觉你有，而她没有。我敢断定，她在博取你的羡慕时，实际上是羡慕你的，她只是希望从你脸上的失落为她自己找回一丝平衡。

希望自己过得比别人好，这也是人性使然。有一种人，当自己过得不幸的时候，急切希望听到别人更不幸的事，以此来寻找慰藉。你说些自己的悲惨遭遇给她听，尽管她表面很同情你，实际上她的内心却云开日出。

当想要的东西，别人有，而自己缺乏的时候，心中就会失衡。这时候必须平衡自己的内心。如何平衡呢？当然是从不如自己的人身上获得，或

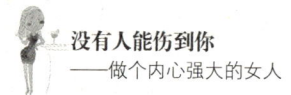
没有人能伤到你
——做个内心强大的女人

她在博取你的羡慕时，实际上是羡慕你的，她只是希望从你脸上的失落为她自己找回一丝平衡。

是高调地展示出自己所拥有,而别人还没有的东西,然后暗暗地观察别人失落的表情。以此来暗示自己,"我过得还不错!"网上一个无厘头的签名"妹妹,说点不高兴的事来听听,让姐姐高兴高兴!"正是这种人的心理写照。

人们多少都有一些"酸葡萄、甜柠檬"心理。这里有一个寓言故事:有一只狐狸,很想吃到葡萄架上已经熟透了的葡萄,它跳得不够高,够不着。对于它来说,这也算是一种"挫折"或"心理压力"。此时此刻,如果它一个劲地跳下去,就是累死也够不到。于是,狐狸说:"反正这葡萄是酸的。"意思是,这些葡萄并不好吃,即使跳得够高,摘得到也还是"不能吃",这样,它就心安理得地走开,再去寻找其他好吃的食物,最终只找到了一只酸柠檬,但它却说:"这柠檬是甜的,正是我想吃的。"

自己摘不到的葡萄总是酸的,摘到手的柠檬也是甜的。从心理学的角度来讲,一个人的行为不符合社会价值标准或未达到所追求的目标时,为减少或免除因挫折而产生的焦虑,保持自尊,就要对自己不合理的行为给予一种合理的解释,让自己能够坦然地接受现实。

也就是说,你手上有葡萄,她没有,但她说你的葡萄是酸的;她手中有一只柠檬,她却告诉你,她的柠檬是甜的,很可口。你信吗?遇到这样的人,说这样的话,你会怎么办?首先表示理解,接着表示同情——注意,是同情对方,而不是自己,最后,继续享受自己的生活!千万别被对方带到沟里去了,别稀里糊涂地充当了别人的安慰品,最后还把自己的生活给毁了。

如果你学习的时候,听到一个不思进取的人对你说"你每天看书,累不累啊?"你可以大声地对他说"不累!"如果你谈恋爱的时候,听到一个刚失恋的人对你说"男人没一个好东西,你不怕被骗吗?"你可以大声地对他说"不怕!"如果你升职调动,要到一个陌生的城市去独当一面的时候,听到有一个工作能力差的人对你说"去那么远的地方工作,有意思吗?"你可以大声地对他说"有意思!"

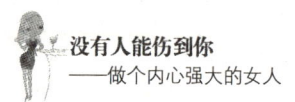

别人说的，你信吗

上学的时候，很多孩子经常会对他的同学说："我已经好几天没有做功课了！""我上课的时候睡了好久，老师说的什么都没听！""我的暑假作业一页也没写！"在别人面前，好像自己很不用心读书，其实背地里却比谁都用功。

我小时候就经常上这样的当。有个同学跟我是邻居。她的成绩一直都不错。周围邻里对她的评价就是：聪明，这孩子越玩越聪明！

经常放学回家，她主动邀我一起玩，有时候跟她到后面矮山上摘野果，有时候在房子外面跳绳。我说作业还没做呢，她总是很轻松地说："没关系，我也没做！"我信了！跟她玩得特别高兴，不受作业和成绩压迫的自由才是真的自由呀！

假期，我又去找她玩。她正在书房写作业，见我来了慌慌张张地用衣服掩盖作业本。我很清楚地看到她当时在写作业，她却告诉我没有，并拉我一起玩。那时开始，我就不信她了。还真以为她的成绩是玩出来的呢，原来是暗自用功来的呀！

> 有不少女人对外来的信息从不加辨证思考，全盘接受。结果与其说上了别人的当，不如说上了自己的当。

第3章
假面时代，大家为什么都要"装"

后来，进入社会，我也遇到过这样的人。他们这么说的目的，就是让对方放松警惕，觉得自己没有跟对方竞争。希望、暗示并鼓励他人也这样做。这样的话，他就能占优势，超过别人。"扮猪吃老虎"大概就有这层意思吧。

我也经常在想，信任到底会给我们带来什么。有的人因为信任他人，结果给自己带来伤害，（比如那些骗钱骗色的骗子们，他们的第一步就是取得受骗者的信任，谁要是对他们信任越多，最终对自己的伤害就会越大）；有的人因为怀疑他人，同样给自己带来伤害（比如夫妻感情中，捕风捉影的事做多了最后都会两败俱伤）。

媒体上每天都有很多因为无条件相信而发生的感人故事，提倡大家相互信任；也有很多因为充分信任上当受骗的故事，呼吁大家不要盲目相信。于是，就会出现一个"到底该不该相信"的问题。这个问题一直也让我很纠结。为了减少自己的伤害，我只能说，不能盲信他人。

生活中，很多事情，我们并不能在短时间内判断它的真假。我们看到的、听到的只是表面的现象，无法透过现象看到背后真实的本质。我们不能轻易相信各种外来的信息。

在学习心理学的时候，老师在教授我们学习方法时首先就提出了要有批判性思维。每个人的言行后面都有各自的动机，为了保护好自己，减少自己的损失，我只能说，不能盲目地相信别人，最好是有一双会识别真伪的眼睛，以及会思考分析的头脑。

批判性思维，是基于充分的理性和事实、而非感性和传闻来进行理论评估与客观评价的能力与意愿，是种怀疑的态度和一种对证据的渴求。也就是说，对自己所看到的东西的性质、价值，精确性和真实性等各方面做出个人的判断。

有不少女人对外来的信息从不加辩证思考，全盘接受。结果与其说上了别人的当，不如说上了自己的当。有批判性思维，就是我们通常所说的，凡事需"多一个心眼"。譬如，当某人向你推销某种美容产品时，

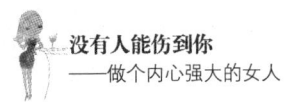

你就要思考这种产品是否真像对方所说的具有购买价值；当有人告诉你另一个朋友曾说过你的坏话时，你就有必要思考，你的朋友是否真的对你不满；当你看到地铁上那些乞讨者向你伸出双手时，你仍然有必要思考，这些人是职业乞讨还是真的生活困难等。

形成自己的认知结构，用自己的独特视角审视他人认识问题和解决问题的思路和方法，大胆诘问任何现成的东西。简而言之，就是当别人向我们提供信息的时候，我们要懂得问这些信息来源于何处，是真的还是假的，自己相信它的理由是什么。

无论是有疑惑，还是无疑惑，首先都要敢于提问，问别人，更多的是问自己。疑问越多，你认识问题就会越全面，越客观，你的思路就会越清晰，你做出的判断就会越准确，你处理问题的方法就会越得当！

带上面具再跳舞

其实，人生就正好像一场化妆舞会，每个人都带有面具。这是所有女人都应该尽早知道的生活真谛。

参加过化妆舞会的人，都会被它的神秘和刺激所吸引。化妆舞会上有红酒、舞步、面具、彩妆，还有激情的节拍，无尽的摇摆，暧昧的灯光和婀娜的身影。参加舞会的人们要么戴着眼罩，要么化着浓重的眼妆。一些装扮优雅的人，会选择金属网状面具、只露眼睛的碟子帽、蓬松的羽毛、中世纪的小丑面具；富有创意的人，则选择猪脸、狐狸脸、公羊头，或者打扮成土著人、爱斯基摩人。因为每个人都经过精心装扮而改头换面，以至于让生活中最熟悉亲近的人都会陌生地相对，无法轻易辨别出彼此的真实身份和本来面目，所以大家玩乐的时候更放得开，没有顾忌。

其实，人生就正好像一场化妆舞会，每个人都带有面具。这是所有女人都应该尽早知道的生活真谛。

或许，当你听到"面具"一词时，会联想到"虚伪""狡猾""不诚实"等词。其实，如果你能稍微注意观察一下周围，就会发现别人的"面具"，而且人们会根据时间和场合选择戴不同的面具。

譬如一个教师，在他的学生面前可能是十分严肃的形象，而在他的孩子面前，却是十分亲切的形象；一个学生，在老师和校长的面前，他会刻意地表现出乖巧、听话的样子，而在同学和朋友眼中，他可能就是个不折不扣的调皮大王；一个员工，在领导面前表现出谦虚、能干的形象，而在家人面前可能就是个不爱干活又爱消遣的人。

瑞士心理学家荣格首次提出人格面具这个概念。他认为面具是展示给他人看的公开的自我。出于自我保护，人们不愿意展现出自己人格中的某一部分，而将真实的自我隐藏在面具后。也可以说，人类拥有人格面具是一种生来就有的本能。完全不受人格面具制约的人是很少见的。

在现代社会，戴上人格面具不仅是迫不得已，而是十分必要的。它保证了我们能够与人，甚至是与那些我们并不喜欢的人和睦相处。为各种社会交际提供了多重可能性，它是社会生活和公共生活的基础。它的作用不仅仅是为了认识社会，更是为了寻求社会认同。若不戴面具，反而会影响你的人际关系，以及生活质量。

有一个女孩，在长辈和老师面前，她表现出自己文静的一面，与他们交谈的时候很有礼貌，虚心听取意见；而与同学在一起，她把自己个性的另一方面展现无余。

在她刚参加工作的时候，为了在领导和同事面前留下一个好印象，

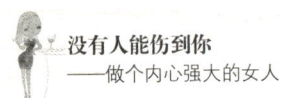
没有人能伤到你
——做个内心强大的女人

人生就正好像一场化妆舞会,每个人都带有面具。

她非常勤奋，不仅完成自己的工作，而且还帮助同事，任劳任怨，勤恳负责。平时她也十分注意细节，穿戴整洁。领导无意中说的话她也记在心上，这让领导觉得她是个很细心又有耐心的人。连她最讨厌的那个同事受到领导表扬的时候，她也附和着他人一起微笑地祝贺他。她给同事和领导留下了认真可信的良好形象。

她在工作上游刃有余，与同事相处融洽，很快就得到了提升的机会。

这个女孩所表现出来的这些品质不过是她人格特征的一部分，而正是这个面具让她获得了自己想要的东西。面具并不代表着虚伪，它最大的功能是让别人看到你想展现的一面，隐藏自己的某种不便表露出来的情绪。让你与周围的环境相处和谐。

"人上一百，形形色色。"生活中什么样的处境我们都会碰到，什么样的人我们都可能遇到，既有阳光坦途，也有激流暗涌；既有正直磊落的君子，也有诡计多端的小人。在这种复杂的环境中，你如果不留神说话的分寸、对象或技巧，往往就容易自找麻烦，惹祸上身。

女人应该先学会适应周边的环境，然后想办法改善环境，在环境无法改变的情况下，要学会保护自己。不要随便乱说话，待人处事谨慎一点，尽量避开暗礁和险滩，让自己处于进退自如的有利位置，把握好主动权，对自己会大有好处。

特别是很多职业女性，难免要参于一些与单位有关的社交活动。下班后，与同事一起喝茶聊天，既有助于增进同事的感情，又能知道大大小小的公司信息；平时要积极参加公司的各种聚会，有必要时不妨与同事、上司打打"社交牌"。

但是，无论任何时候，你都不要把自己的内心在别人面前展露得一览无余。人与人之间，只要存在利益上的竞争与冲突，就很难有真正的友谊。如果你轻易地亮出自己的底牌，表明自己的真实性格、想法或情绪，甚至动了真感情，就有可能留下无穷隐患。

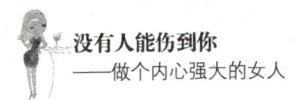

当然，一个人如果过分沉溺在自己所扮演的某个角色里，而长期压抑自己的本性，就会一直处于一种紧张的状态中，这也就是我们经常所说的感到很累。所以，我们要会在适当的时候，把面具卸下来，在亲人和朋友面前，展示一个真实、放松的自我。

不要不单纯，也不要太单纯

年轻的时候，如果你得到了"单纯"的评价，可能别人是在夸你，这时单纯的意思是简单；但是当你到了一定的年纪，"单纯"对你来说往往意味着幼稚。

很多女性喜欢把一切喜怒哀乐都挂在脸上，想哭就哭，想笑就笑。从个人私交方面来说，亲人、好友、同学们当然都喜欢没有心机的人，与这样的人相处会让人心情放松；但从社会交往的方面而言，太单纯的人在为人处世方面往往不占优势。

大多数人都不喜欢别人在面对自己的时候，把感情色彩带在脸上。这样会让人觉得，你对他不尊重。快乐的时候还好，生气难过的时候给人家就会留下不好的印象，所以有时候仍然需要"掩饰"。特别是你无意中表现出来的一些信息，会令跟你有利害关系的人们对你有所防范。

第3章

假面时代，大家为什么都要"装"

农历新年即将来临，辛苦工作一年，总算盼来了休息和放松的时候，也终于等到了单位发放年终奖金的重大时刻。

年终奖的发放形式多种多样，最直截了当的是发双薪，最神秘诱人的是发红包。发双薪的办法简单透明，但是不少公司都非常注重收入保密的问题，年终奖更是"绝顶机密"。因此，当老板红光满面地给员工们逐一送上大红包时，很多人都想知道别人红包中的秘密。

俞薇在一家合资企业上班，平时老板就严令员工对个人工资必须互相保密，但是总有好事的人会通过各种途径打听别人的收入情况，而年终奖自然是人人关心。

往年，俞薇的年终奖金跟大家都差不多，说出去也没什么关系。然而，今年当她刚把红包拿到手时，就觉得沉甸甸的，挺厚实。她屏住呼吸，到座位上把红包打开，仔细一看，厚厚的一沓竟然足足有三万元。这真是让她喜出望外，开心得想要赶快把这个好消息告诉老公。

这个时候，一位新进公司的小妹走过来，故作崇拜状，问："俞姐，看你这么高兴，今年一定拿得不少吧！"

俞薇很兴奋，伸出了三个指头。小妹猜"三千"。她就摇摇头。小妹又试探着说："难道是三万？"她马上眉开眼笑，连连点头。

这个消息立刻就以迅雷不及掩耳的速度在部门里传开了。俞薇怎么也没想到，那些年终奖比她低的同事们都对此愤愤不平、牢骚满腹。这事传到领导耳中，领导狠狠地批评了她一通。

俞薇真是又气又急，她知道问题出在了哪里。现在，她可学乖了，今后领了年终奖，不管金额多少她都会装得很遗憾、很无奈！

人人都有攀比心理，尤其同事之间更是会时时刻刻地暗自比较。对于俞薇来说，除非是平均分配或双薪形式的"透明"奖金，否则不管她拿多少，透露自己的年终奖都是不明智的，拿多了，容易引起其他同事的妒忌；拿少了有所抱怨，也会影响周围其他同事共同的抱怨，从而给上司留

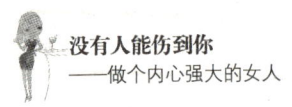

下不好的印象,甚至被辞退。

从心理学的角度来说,人跟人之间本来就各有不同,存在各式各样的差异。如果一个人在某方面明显比其他人优秀、出色,就会引发别人的"酸葡萄心理",招致诋毁、谩骂和污蔑;相反,如果他把自己的缺陷、弱点都暴露出来,又会招来讥讽和鄙视,成为别人的谈资笑料。

生活中有很多女人为人诚实,处事老实,但这并不等于非要把自己完全透明化,亮给所有人看。做人单纯本身没有错,可要想在这个复杂的社会上立足,就要懂得伪装自己,以防被人欺诈,被人骗。单纯可以,但不要太单纯,要有一点"心机"。

你的美貌也可能伤到你

如果你把你的美貌当成万能的通行证,那你就错了——还得看场合和对象。很多漂亮的女人自认为有优势,如果你的面试官恰恰是个喜欢比美的女人,那么你越漂亮你的处境就越危险。

爱美是女人的天性。个个都恨不得自己是人群堆里那支最娇艳欲滴、最引人注目的鲜花,然而,有时候,你的美貌也可能伤到你。

大学刚毕业的女孩谢昕就遇到了这样一件意想不到的事。她上学的时候是班上公认的美女。身高一米六五的她,一头长发,秀气的脸庞,长长的睫毛下一双会说话的眼睛。她的典型装扮是,一件蕾丝花边,轻飘飘的白色雪纺上衣,搭配一袭齐踝的牛仔长裙,很有学院派的韵味。在她身上既能看到时尚，又给人清新脱俗的感觉。

她所学的是师范类专业，一直想找个相关岗位提前锻炼一下。于是，就在学校周边贴小广告找家教工作。面试了几家都没有等到下文，最后终于有一家聘请了她，教三岁小朋友音乐。每次课时两小时，每小时50元。虽然价格比较低，但是为了积累一些经验，她还是同意了。

教了几个课时后，她感觉很好，小朋友也很喜欢她，但是第三次去的时候无缘无故就被女主人辞退了，说不打算给小孩请家教了。

几天后，她却在网上发现这家的家长仍然在给孩子物色音乐教师。她想，自己好歹也是个师范生，教得也没什么不对的地方，为什么会被炒掉。这对自己太不公平了。她打电话问主人家，女主人给出了一堆的理由，最后说"你长得太漂亮了！"

这也能成为被辞退的理由？太冤了！

一般认为，凡是漂亮的女人都比较有优势。事实上也确实如此。几十年来的心理学研究显示，漂亮的人会使人们在潜意识中觉得他们各种品质都是好的：他们更热情，更聪明，更幽默，更诚实……仅仅因为他们长得更好看。

然而，也有这样一种情况：漂亮的优势不一定能转化为成功，实际上反而令他们损失学业、求职、晋升的机会。这取决于面试考官、老板、上级本人的性别与漂亮程度。

有心理学家发现，在选拔研究生时，漂亮的考生获得了异性考官的青睐，但是男性考官对帅男无动于衷，而女性考官实际上会给靓女打低分。考生的漂亮外表对录取的影响还取决于考官是否漂亮——长相好的考官不太在乎考生是否英俊或美丽，但长相平庸的考官会给好看的同性别考生打低分。

"魔镜魔镜，快告诉我，谁是天下最美的女人？"女人在照镜子的时候，都希望自己是最美丽的，而且女人天生爱比美。两个漂亮的女人站在一起，在潜意识中都会相互产生很微妙的敌意。

美国哥伦比亚大学心理学博士海蒂回忆当年上研究生时发生过的一件事。有一个长得非常漂亮的女生申请到该校读博。她来自一所顶级的院校，而且学的是神经科专业，学历背景非常硬，最重要的是她的长相回头率几乎百分之两百，她漂亮得就像刚从某本女性杂志走下来的封面模特。这个女生让其他的女生相形见绌。

当时面试的一个女心理学教授对海蒂说，她决定不录用这名漂亮的女人。海蒂问为什么。她回答"她令我们所有人都感到自己不够漂亮。"后来，这个漂亮女孩果真落选了。

这就是说，如果你把你的美貌当成万能的通行证，那你就错了——还得看场合和对象。很多漂亮的女人自认为有优势，如果你的面试官恰恰是个喜欢比美的女人，那么你越漂亮你的处境就越危险。就拿最上面那个做家教的女孩来说，她的美貌对女主人产生了威胁，为了不节外生枝，影响家庭和睦，女主人使用了一个对她自己来说比较安全的举措，而这个举措直接导致了漂亮女孩失业。

没有人愿意自己生活在别人的光芒之下。美丽而又有野心的女人，更会让同性感到不安。所以跟同性相处，要么收起你过分的美丽，要么隐藏你的野心，低调做事。

另外，人们对漂亮女人还有一个偏见，认为她们有外表，没脑子，并称之为花瓶。如果你的老板是同性，你还是低调为妙。平时着装保守一点，专业一点，更会博得她的认可，这样也会让那些异性关注你的才学，而不仅仅是美貌。

有些秘密最好埋一辈子

在每个人的内心深处，都有最隐秘的角落，存放着一些不愿为人知的秘密。就像人们常说"阳光背后也有阴影"，任何人都有自己黑暗的一面，就好像光与暗，虽然互相矛盾却从不背离。

这些私密的角落和阳光背后的阴暗面，构成了一个人内心中的秘密花园。这个花园隐藏着一些令人感到不快、沮丧、痛苦甚至罪恶的往事，比如感情挫折、投资失败、人格羞辱……

这里是你内心深处最脆弱的地方。如果秘密花园被人闯入，会有什么后果呢？愤怒、不安、焦虑、安全感缺失。

很多女人天生喜欢倾诉，尤其是向她亲近和信任的人吐露烦心事，分享小喜悦。倾诉确实能让人宣泄掉不良情绪，也能够拉近彼此之间的距离。但是，这并不代表你和别人相处时就可以不假思索，毫无戒备。

虽然有些事情本身并不是很严重，然而一旦被泄露出去，你在别人眼中的形象就会一落千丈、跌

> 很多人都说夫妻之间应该亲密无间，其实，夫妻双方不仅要亲而有间，也必须保留各自的隐私空间。如果你做过一些不大光彩的事，永远也不要告诉丈夫，不要天真地认为这一切不会对他造成任何影响，只要自己改过自新，你们就会重归于好，除非他根本就不在乎你。

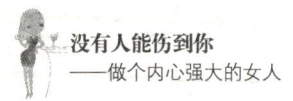
没有人能伤到你
——做个内心强大的女人

入谷底；如果你无意中说出一件非常私密的个人隐私，却被那些喜欢说三道四、搬弄是非的人听见，说不定他们就会四处散播，一直折腾得远近皆知、沸沸扬扬，从而影响你的正常生活。

伍月今年刚满33岁，她在事业上发展得比较顺利。最近，领导找她谈过话，说上级部门很有可能会提拔她，对她予以重用。同时，领导让她先提交一份详细的个人情况说明，接下来组织上就会对她进行各方面的考核和测评。

当伍月看到直系亲属情况一栏时，她不禁有些发愁，陷入了深深的沉思。因为她的母亲从年轻时起，就表现出一些间歇性精神病的症状，情况也时好时坏；进入中年以后，由于病情恶化，被强行送入了精神病院。

伍月在脑海中做着激烈的思想斗争：她是否应该把母亲的病情和现状写出来？如果不提，是不是就显得她对组织和领导有所隐瞒，有所保留呢？她实在拿不定主意，就决定去向大哥请教。她的大哥一向老于世故，思维敏捷，兴许能给她出个好点子。

听她把事情简要地说了一遍，大哥沉稳地说，"我们家的这点事说大不大，说小不小，放在平时根本不是问题。但在这个节骨眼上，你一个字也不能说，而且无论如何都要保守秘密，否则后果可能难以想象。"他解释道："既然你在单位从来没提过，你的领导和同事也当然毫不知情；但是，假如你把事情说出去，就是跟自己过不去了。一旦你被领导委以重任，再升职加薪，你能保证没人眼红妒忌，并借此机会大做文章，把你整垮吗？"

伍月疑惑地问："妈妈生病，别人又能说我什么呢？"大哥看着妹妹探询的眼神："他们可以说自己完全是出于好意，提醒一下领导：伍月会不会遗传自己母亲的疾病？当面临较大的工作压力和心理刺激时，你是否也会出现精神方面的问题……于是，领导们就要再讨论、再研究，把你暂时搁置到一边，以后你的发展和前景也会变得一片模糊。"

伍月最终还是没有听哥哥的话，她认为，母亲的病跟自己的前途并没有关系，也不在领导考核范围之列，自己只要把工作做好就行了。于是，就主动地把母亲的情况反映给领导。

不知是领导对她不够信任,还是隔墙有耳,她不仅没有被提拔上,反而令单位里的人到处都在议论她,有人甚至用怀疑的眼神看她,猜测她是否也遗传了母亲的病,有精神不正常的时候。

这时,她才体会到,一切都是自己没事找事。

每个人都有自己的思维定势和偏见。倘若一些有失体面、不堪回首的事情被曝光,让别人抓住这个"把柄",就会给你今后的发展造成巨大障碍。所以,你的秘密花园最好不要对外敞开,有些秘密最好埋藏一辈子。

从很多人的教训中,我们可以看到,即使两人是至交好友,也不能随意邀请他进入你的秘密花园。一旦双方感情失和,反目成仇或者他并不把你当朋友,你就会变得很被动。

可能对方不仅不遵守"保密协定",而且还会把你的隐私当作进攻的武器,要挟你、恐吓你,或者干脆将你的秘密"广而告之",弄得你声誉扫地、狼狈不堪。到时候,不只你会饱受精神折磨,还可能让相关的人受到牵连和伤害。

明星隐私泄密事件近几年来频频发生,众所周知最大的受害者当属张柏芝。再亲密的人也有靠不住的时候。我们不能去评论张柏芝离婚的真正原因,但是可以肯定这件事对她以及对她家人的伤害是非常大的。如果她那些"不光彩"的过去不被人挖出来,可能一切都相安无事。

很多人都说夫妻之间应该亲密无间,其实,夫妻双方不仅要亲而有间,也必须保留各自的隐私空间。如果你做过一些不大光彩的事,永远也不要告诉丈夫,不要天真地认为这一切不会对他造成任何影响,只要自己改过自新,你们就会重归于好,除非他根本就不在乎你。

当然,不要轻易将自己的过往尤其是秘密袒露出来,并不等于什么都不说。你应当学会有所选择,跟朋友或者同事聊聊从前美好的回忆,说说跟你的生活、工作相关的一些无关紧要的话题,也可以增进彼此间的了

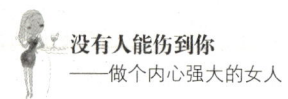

没有人能伤到你
——做个内心强大的女人

　　在保护自己的秘密花园时,也不要硬闯别人的秘密花园,即使受到邀请,你也要谨慎进入。

解，从而加深感情。

分清说话的对象，陌生人、刚认识的人、同事、朋友，还有父母、亲戚都各自站在不同的角度，对于说话的内容，你就要根据亲疏远近、感情深浅来做出取舍。

同样，在保护自己的秘密花园时，也不要硬闯别人的秘密花园，即使受到邀请，你也要谨慎进入。尤其对爱人的秘密了解过多并不是一件好事，很多女人总是对爱人的事充满好奇心，特别是喜欢寻找爱人的秘密花园，纠缠他的过去。对方坚守吧，她觉得对方不够坦诚；对方敞开心扉吧，她又发现对方并没那么完美。总之，无论对方怎样做，她都失望。这又何必？

香水、首饰是强大内心的辅助品

形象和才华哪个更重要？

很多时候，我们选择的是才华。然而，有些时候，我们又不得不承认，外在形象对一个人也起着至关重要的作用，特别是当你第一次与人见面的时候。别人通过对你的第一眼判断来决定对你的态度。一个人的外表是给他人留下印象的最直观的因素。

如果说到"暴发户"，你会联想到什么样的形象？头发梳得溜光发亮、脖子上戴着大粗

首先，不要买过多的廉价服饰。

其次，不要穿不符合自己角色或年龄的服饰。

第三，不要忽视了香水、项链的功能。

最后，适当地化淡妆。

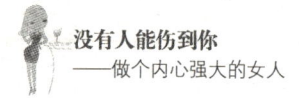

金项链，名贵的衣服上一股浓郁的香水味……你有没有想过，为什么人一有钱就要打扮自己？首要的原因是，不想让别人再看不起；其次是通过这些外在的形象美化来加强自己内在的信心。

有些人习惯性地以貌取人。在他们看来穿戴邋遢的人永远比不上穿戴整洁的人，穿戴整洁的人永远比不上穿戴名牌的人。对于有的人来说，外表的华丽程度决定他们内心的坚强程度。

不同的服装会向个人自己发出信息，改变个人的自我感觉。心理学家曾经做过实验，考察同一群人穿着不同服装时的自我感觉。结果发现，如果人们的穿着较为高级，明显比周围其他人优越，则人们的自尊感会上升，更相信自己的能力，相信自己能够给别人以良好印象，并获得成功。但是如果自己穿着较为寒酸或普通，而周围其他人穿戴高级、整齐，则人们的自尊感会明显下降，此时他们会怀疑自己的能力，怀疑别人对自己的判断，并怀疑自己能否取得成功。

生活中，我们都有这样的体会：若某天穿得太寒酸，会非常不自信，走路都会下意识地低下头，和他人交谈时缺乏底气，说话结巴；若某天穿得时尚，会自信满满，走起路来都会不自觉地把头高昂，和他人交流时也更主动，说话也更流畅。

我们经常也会有这样的感觉，如果某个人突然有一天穿了一套高档又得体的衣服，这个人的精气神仿佛也一下子得到了提升。服饰改变的不只是表面，而是真的会由外到内使一个人发生改变。

俗话说"佛靠金装，人靠衣装"。对于一个女人来说，外表应该是自信不可或缺的因素之一，而服装、香水、首饰等在外在的装扮中起到了举足轻重的作用。

首先，不要买过多的廉价服饰。

周末，一次老乡聚会。有个陌生的女老乡第一次加入。据介绍她是某老板，生意不错，很富有等。一席话说得她心花怒放。但是看她的装束就对她做出一个基本的定位——要么缺钱,要么缺品位:四十岁左右,扎了一个马尾辫,发夹是做工比较粗的塑料夹,经常在天桥的地摊上可以看到;身穿一件浅色碎花雪纺齐膝裙,裙子本身没有什么不妥,但是腰上的黑色松紧腰带上的线头乱飞,实在显得很低廉。

女人过了三十岁,要是经常出门,就千万要减少买地摊衣物的几率。如果你不是小女孩,那么你应该考虑到,对你来说,衣服的面料、质地、做工比款式更重要。当然,并不是说贵的就一定是好的,但至少你要有甄别好坏的眼力。倘若实在受不住价格的诱惑买了低质量的衣服也没有关系,你可以在家里穿,但是柜子里一定要有几件像样的服饰,让你能自信地走出去。

其次,不要穿不符合自己角色或年龄的服饰。

上班的时候穿休闲衣,老板会不喜欢,他认为你不够职业;休闲的时候穿职业装,朋友们会不喜欢,他会认为你太做作;在隆重宴会中,如果你穿得太随意,主人会认为你不够尊重他。

穿衣服要符合自己的年龄、职业、身材、场合等。适合自己的才是好的,平时多逛逛商场,找不同类型的衣服试穿,可以找一两个自己信任且审美能力不错的朋友陪着,找到适合自己风格的服饰。

第三,不要忽视了香水、项链的功能。

有人洒香水,戴首饰能起到增加美感,锦上添花的作用,而有些人的装扮实在太"雷人",或是给人留下有意炫富的印象。我平时不太爱洒香水,但是我能感受到香水的恰到好处。有时候坐在图书馆看书,看着看着就有一股清香飘入鼻子,再回头一看——一个优雅自得的女性安静地看书,给人一种知性美、优雅美。与之相反,很多次我走在大街上,都差点被擦身而过的女人身上强烈刺鼻的香水味熏晕,都走出了几里地,鼻孔里还残留浓郁的香水味。此时的香水则透露出女人的俗气、浅薄与势利。

最多的,最好的,并不一定是适合你的。画龙点眼,不要画蛇添足,除了香水,所有的配饰也如此。

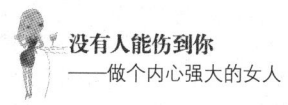

最后,适当地化淡妆。

化妆本身的含义,就是有效地向别人展示自己。一个人的化妆风格,直接反映着一个人期望向别人表露自己的那些信息,反映一个人的审美情趣和性格特征。譬如,有强烈吸引别人注意欲望的人,往往不顾自己的特点,浓妆艳抹;而性格稳重,知识修养比较高的女人们则往往化淡妆。

女人们大多都在乎自己的形象,形象不是说一定要长得多漂亮,形象是气质、自信和适度的着装打扮。不是有一句话叫做"没有不漂亮的女人,只有不会打扮的女人"吗?好好装扮一下自己吧!

给自己找个"保护色"

在这个复杂的社会,女人们也可以受此启发,为自己寻找一种保护色。

把你的弱点隐藏起来。

把你的私事隐藏起来。

把你的情绪隐藏起来。

把你的底牌隐藏起来。

小乔才进公司,工作做得相当出色,就是整天没有一点笑容。公司的汪姐很热心地邀请小乔去吃饭。两人谈话间,汪姐就告诉了小乔一些自己很少为人知的事。听着汪姐的这些事,小乔不禁愣住了,觉得汪姐就似一面镜子,和自己惺惺相惜。

于是,小乔也把自己的心事全都说了出来。原来,小乔爱上了自己的上司,上司没有明确的表示拒绝,也没有明确的接受她,两人正处于一种暧昧状态中。汪姐安慰了她几句之后,她觉得好过多了。

可没多久，同事们都用一种奇怪的眼光看着她。终于有一天，财务部的尤姐偷偷地对小乔说："你的事，大家都知道了！其实，你的事不该告诉汪姐，她是个大嘴巴。"

小乔顿时觉得很尴尬。他的上司也有意地疏远她。没多久，小乔就在同事们的闲话中，提出了辞职。

小乔初入职场，遇到了善谈的汪姐。汪姐首先自我表露了一些自己的事，小乔作为交换，说出了自己的心事，最终却让自己难堪。

· 在这个复杂的社会生活中，我们既要懂得看懂他人，也要懂得隐藏好自己，不要被他人看穿。

在自然界，某些动物具有同它的生活环境中的背景相似的颜色，这有利于躲避捕食性动物的视线而得到保护自己的效果。例如在草地上的绿色蚱蜢、栖息在树干上翅色灰暗的夜蛾类昆虫。有许多还随环境颜色的改变而变换身体的颜色。而两军交战中，士兵们所穿的迷彩服，就是为了将自己隐藏在周围的环境中，不被对方发现，起到对自己的保护作用。在这个复杂的社会，女人们也可以受此启发，为自己寻找一种保护色。

把你的弱点隐藏起来。

想一想你以前的经历，有没有被别人利用弱点而占了便宜？如果你的弱点是委曲求全，那么就有人会故意制造争端，引发吵闹，让你做出让步以求宁静；如果你很容易自责，那么很可能有些人会在你面前推卸责任，让你背黑锅；如果你很看重面子，那么就很可能有人偏让你打肿脸充胖子，他们得便宜。

无论你是多么的强大，你都会有弱点。有弱点并不是什么坏事，但是如果让别人抓住你的弱点来针对你，就不是一件好事了。

把你的私事隐藏起来。

这一点在前面的文章中已经讲到了。把自己的秘密花园藏好。无论你

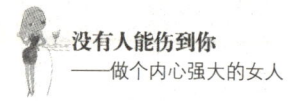

闯入了别人的禁区，亦或是别人闯入了你的禁区，都是很危险的事。

把你的情绪隐藏起来。

世界上没有任何东西比我们的情绪更能影响我们的生活了。特别是女人，遇事更加情绪化。很多性格急躁，容易发脾气的女人，一点小事，都会触发她们敏感的神经。这样很容易得罪人，不利于人际关系的建立。在众人面前，我们应该把不良情绪隐藏起来，以微笑示人。这其实也是一个关于智慧和修养的问题。

把你的底牌隐藏起来。

经常逛街的女孩子，当她在商店里看见自己喜欢的衣服时，会不动声色，更不会让店员猜出她究竟喜欢哪一件，而是耐心地与店员讨论其他衣服的优缺点，反复试穿。等到店员产生了倦怠，而不知道她是否真心想买时，她才拿出自己喜欢的那件，漫不经心地，做出可买，也可不买的样子。

这时店员为了做成一笔交易，往往会主动降低价格。倘若她刚进店，就表现出看中了一件衣服，并急于想得到的样子，那么店员就会故意把价格抬高。

隐藏自己对衣服的喜好，也就等于暗示店主，这件衣服还不够吸引自己，不值得自己购买。这在买卖双方来说，就能占据主动权。

第章

别管他人怎么看，你要看好你自己

永远不要妄自菲薄。你不能左右别人怎么看你，但是你能掌控自己对自己的态度。即使生活再窘迫，你也有自己的价值！你要有坚定的内心来支持自己！

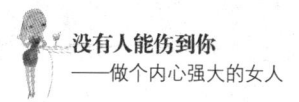

换个角度看自己,你到底是谁

无论什么时候,不要太在意别人的看法。你只要知道你是谁,要做什么就足够了。这个世界上很多的事其实是没有对错的,只是看待的角度不一样,别人对你的评价亦是如此。

当别人都说你疯了的时候,你就离成功不远了。

有一个外地女孩,跟一个北京男孩谈恋爱了。这个外地女孩开始并不受男孩家人欢迎。首先,这个女孩不是本地人;其次,她的家庭条件一般;最后,她长得并不太漂亮。当男孩把女孩的这些情况向父母一一汇报之后,父母连连摇头。

后来,女孩不卑不亢地与男孩的母亲进行了一次长谈,让他们彻底改变了对自己的看法。现在这个准婆婆对她非常好:经常让女孩到家里去玩,还特意煲汤给她喝,几天没见面了就打电话给她,生怕这个儿媳妇飞走了。

这也太神奇了吧!

我们问这个女孩是怎么做到的。女孩淡淡地一笑,说:"首先,我并不觉得我是外地的,就配不上他。相反,如果他找一个本地女孩,人家很可能看不上他不说,就算看上他了,他也未必受得了北京女孩的脾气。"

"其次,我的家庭条件不富裕但也不贫穷。我跟她的儿子结婚,并不是看上了他们家的什么,现在我有能力让自己在北京过上好生活，我不需要依靠谁。如果有必要，可以做一些婚前财产公证。"

"第三，我现在的工作虽然月收入比不上高级白领，但是工作很稳定，也是我擅长和喜欢的工作，而且福利待遇都还不错，重要的是领导信任我，喜欢我。"

"最后，虽然我长得不属于美人级别，但是也不丑，如果一个男人娶一个花枝招展的女人回家，她放心吗？婚姻需要稳定，稳定！"

就凭着这几点，说得老太太口服心服。我们一直认为，老太太完全被她的气势所折服了。现在他们即将结婚。女孩在男孩心中是女神，在他妈妈面前，又是个懂事又自信的好媳妇。

这个女孩有对自己的正确认识，准婆婆对她的看法丝毫不影响她对自己的看法，甚至对她的情绪都产生不了影响。她能很客观地分析自己的优势。

其实，在意别人的看法也是正常的，了解自己在别人眼中的形象，是激励自己提高自己的重要途径，但是你至少要做到两点：第一，分析别人评价你时的立场；其次，你自己是否能客观地评价自己。

现实社会中，每个人所处的环境，以及站立的立场不同，对事物的评价也是截然不同的。婆婆们在一起聊天，总不免要说各自家中的媳妇是如何的挑剔，自己养大儿子是多么的不易；而媳妇们一起聊天，总会说家中的婆婆管得如何多，是如何的不识相等。大家都觉得自己委屈，自己有道理。事实上又是如何呢？如果把婆婆和媳妇分成两大阵营来打擂台，绝对难分胜负，因为她们各自都有理。

所以，无论什么时候，不要太在意别人的看法。你只要知道你是谁，要做什么就足够了。这个世界上很多的事其实是没有对错的，只是看待的角度不一样，别人对你的评价亦是如此。世界如此险恶，有的人为了自己的利益，有意贬低你，以达到打倒你，让你知难而退，主动下位的目的。

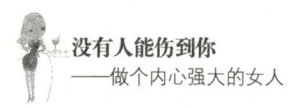
没有人能伤到你
——做个内心强大的女人

这种情况下,你更要冷静地分析。

在心理学上有一个词叫做"自尊",这个自尊不是我们平常所说的"自尊心",是个体对一般自我或特定自我积极或消极的评价,也是人对自我行为的价值与能力被他人与社会承认或认可的一种主观需要,是人对自己尊严和价值的追求。这种需要与追求如能得到满足,就会产生自信心,觉得自己有价值等;否则就会使人产生自卑感、软弱感、无能感。

自尊分为高自尊和低自尊。高自尊就是指个体具有良好自尊,具有高自尊的人能自己管理自己,自己指导自己和监督自己,能有效地应对生活中出现的种种挑战和各种问题,他们相信自己在这个世界中的价值和意义,能坦然接受别人的尊重和期待;低自尊的人往往具备很强烈的心理防卫机制,他会将自己掩盖起来,然而也很容易受伤害,因为一旦他的防御机制被打破了,就会产生认知偏差,从而导致行为的偏差。高自尊的人更受人欢迎,也更容易成功。

有一个女孩,从小喜欢演讲,并立志当一个演说家。她每天都坚持朗诵,在空旷的场地旁若无人地讲说,并充满激情。旁人都对她冷眼相看,说她快疯了,但她从来不在意。

不管别人怎么说,她始终坚信自己的想法,并勇于挑战自己,相信自己一定行。正是这种高自尊最终成就了她的梦想。后来她加入了某直销机构专门做培训。再后来她成立了自己的演说工作室,到全国各地巡回演讲,并激励了不少大学生。后来她回忆起自己的成功之路时说,当别人都说你疯了的时候,你就离成功不远了。

这个女孩实际上是个高自尊的人,她很清楚自己的能力,很坚定自己的信念,所以她成功了。

认识你自己,坚持做你自己,足矣。

第4章
别管他人怎么看，你要看好你自己

给别人获得满足感的机会

很多女人，认为自己付出了，就会有好结果。事实上并不如此。舍和得既是一对矛盾，又是一个统一体。

在你生活的集体中，只有彼此的付出和收获相对平衡，你和你的集体才会过得快乐。对于接受者来说，他会获得某种"满足感"；而对于付出者来说，他会有一种"让人得到满足后的满足感"。在付出者的满足感中还包括了一种成就感。因此，如果你总是阻止别人获得这种满足感，别人也会因为在你面前总找不到付出的机会而感到苦恼。

例如，跟同事一起吃饭，如果你坚持每次都买单，他们会很高兴，而当你跟你的老板一起吃饭，如果你坚持买单，他会认为你在轻视他。

如果你的情感收支不平衡，那么你一定要想办法让它获得平衡。或许你会问，我付出了很多，但是对方并不为我付出，我们就平衡不

很多做妻子的都不明白，为什么丈夫平时给自己买个生日礼物都要左思右想，而对待小情人却挥金如土。其实问题不在丈夫身上，而是你从来不懂得索取。他给你买花，你嫌不实用；他给你买衣服，你嫌太贵。从那以后，他就再也不敢给你买好东西了，反正买了也白买，你不仅不会兴高采烈，说不定还怪罪他乱花钱！而那些小情人们就不那么想，她们乐得用男人的钱把自己装扮得漂漂亮亮，像花一样地在男人面前盛开。她们盛开得越鲜艳，男人们就越有成就感。

103

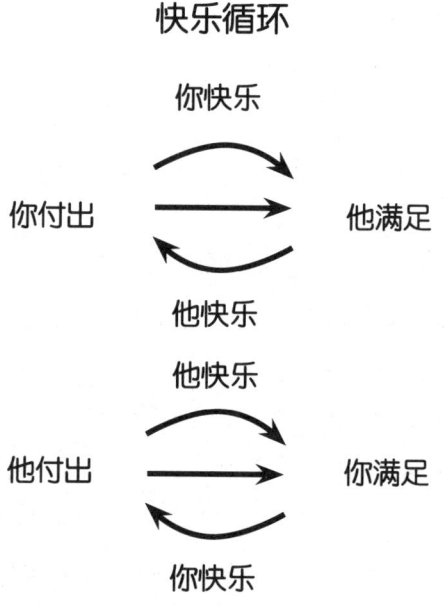

快乐循环

了,那怎么办呢?

一个办法,不要阻止别人的付出,或是你主动去索取别人的付出。人都是有惰性和依赖性的,当这种惰性和依赖性变成一种习惯后,他们的付出就更难了。王群莉的例子就很典型。自尊心强的女人一般都很坚强,但是在男人面前,自尊心太强,并不是一件好事。

"到今天,我不得不认真考虑这个问题,生活已经把我逼得无可奈何了。"当我采访这个叫王群莉的女人时,她这样说。

"我的前夫很爱我,他总是说我是一个好女人,但是他却一边说爱我一边在外面和其他的女人同居。孩子的事一直都是我来管,自从他和那个女人同居之后,现在他对孩子生病时的问题都置之不理了。我和他离婚时没要他一分钱,正如我当初和他结婚时,一分都没要他的一样。现在孩子的开销一天比一天大,我真的有些撑不住了!"

王群莉非常善良。无论是她的老朋友,还是陌生人,她都非常热情,吃饭时抢着买单，借了别人的东西总是第一时间归还，她最怕麻烦别人。用她自己的话来说就是，"宁愿众人负我，不愿我负众人"。

她与丈夫结婚的时候，丈夫家一贫如洗，没有能力给她任何聘礼，她和她的家人们又是那么善解人意，她知道丈夫的收入不太多，而且要负担乡下的父母，所以一直以来从来没有向他要过一分钱。

丈夫的父母不在身边，王群莉的父母更把他当儿子看待，宽容他，疼惜他，两位老人对他很客气，什么事都不让他动手，怕他冷着，怕他饿着，王群莉也总是怕伤着他的自尊，凡事总是让他三分。有时候丈夫要给她买衣服当生日礼物，她都觉得太奢侈而婉言谢绝。丈夫直夸她是个难得的贤惠女人。

慢慢地，丈夫习惯了这种生活模式，结婚后几乎一直都不做家务，在家庭建设上也不投入一分钱。一切都是王群莉大包大揽。

可是，让王群莉没想到的是，有一天她在丈夫的手机中发现了他的秘密，原来他跟一个女孩的关系已经发展到不可收拾了。现在回想起来，她才发现自己真的很傻。以前自己为了家庭省吃俭用的时候，丈夫却把自己的钱花在了别的女人身上；自己给孩子喂奶、洗澡的时候，丈夫却在陪别的女人逛街，提包；自己在打扫卫生，收拾房间的时候，丈夫却在为别的女人做饭，洗衣。

离婚的时候，为了证明自己能养活自己和孩子，她居然带着孩子净身出户了。现在她感觉到非常累。但她根本不知道她和丈夫的问题出在哪里，她觉得莫大的委屈。

我对她说，"你是一个只懂得付出，不懂得索取的女人。男人喜欢这样的女人，开始会感到很轻松，但是时间久了，也会觉得累。因为他在你身上找不到满足感和成就感。"

给予者内心的满足感是接受者永远也体会不到的。而当接受者想体会到这种满足感，你又不给机会，他就只能从别人的身上去获得。

很多做妻子的都不明白，为什么丈夫平时给自己买个生日礼物都要左

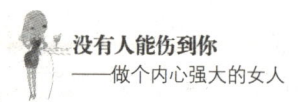

思右想，而对待小情人却挥金如土。其实问题不在丈夫身上，而是你从来不懂得索取。他给你买花，你嫌不实用；他给你买衣服，你嫌太贵。从那以后，他就再也不敢给你买好东西了，反正买了也白买，你不仅不会兴高采烈，说不定还怪罪他乱花钱！而那些小情人们就不那么想，她们乐得用男人的钱把自己装扮得漂漂亮亮，像花一样地在男人面前盛开。她们盛开得越鲜艳，男人们就越有成就感。

物质上、情感上收支不平衡就会出现问题。如果条件不太好，你可以降低索取的标准，早上起床，你大可以要求来一个爱心早餐；做家务的时候，你大可以要求他做饭洗碗二选一；逛街的时候，你大可以刷他的信用卡。这些与自尊心和能力没有任何关系，只与情感的维系有关。

无论你到底有多行，也不要总在他面前强调你行，而要让他感觉到，他很行，你很需要他。其实，婚姻也是一种游戏，重在参与，只有参与的人才会有主人公精神，才会有责任感。

不要怀疑对自己的判断

> 记住，无论发生了什么，你永远都是那个优秀的你。

你认为自己是优秀的，这还不够。你还需要坚信你永远都是优秀的。无论发生了什么事，都不要怀疑你对自己的判断。

大多数时候，你不可能生活在自己的理想中。你想永葆青春，但是岁月却从不饶人；你想和他白头偕老，可是感情都靠不住。你无法躲避生活中那些不如意……这些都不重要。

重要的是，你要知道：生活的主线应该由我们自己去规划，而这些不如意不过是一些小小的插曲，不要让它们影响我们的未来生活。

硕士毕业的叶子，一毕业就跟着好朋友到云南去发展。朋友说要给她介绍一份好工作，并把那份工作说得天花乱坠，她信以为真，怀着对未来生活美好的憧憬就跟着去了，到了之后才知道原来是做传销，当时她对传销并不了解。首先被要求缴纳了三千元的费用。

接着就是被洗脑，传销老师的一套说辞似乎滴水不漏，更重要的是，经常有一些上升到一定级别的代理员们也来给他们讲课，让大家看到光鲜亮丽的一面，觉得做到那个级别就肯定赚钱了。

当时，她们二十几个人在一间十几平米的小房子睡地铺。吃的是最便宜的白菜、土豆和胡萝卜。冬天没有热水，做饭、洗碗、洗衣服用的全是凉水。那一年冬天，她的双手满是冻疮。而她们"上课"也是偷偷摸摸。有时为了逃避公安，她们常常夜里2点钟就要起床，走一个小时的路程，赶到简陋的教室"上课"。

尽管当时条件很差，但是她坚信就像他们所说的那样只要通过自己的努力，就会赚大钱。她坚信这里就是事业的起点。

在她的推荐人的怂恿下，涉世不深的她叫来了自己的家人和亲戚。但是她们发展得并不顺利。一年时间后，不仅没有什么收入，到最后连吃饭的钱都没了。无奈之下，她们只得选择离开。

她的亲戚朋友们跟着她赔了钱之后，就视她为扫把星。她在村里背负了一身的骂名。人们碰到她，背后都会指指点点"那个搞传销的""书呆子！"感觉她在外本科四年，研究生三年的努力时间，都是去做些不见人的勾当。

她觉得丢人，在亲戚朋友面前有点抬不起头。一个研究生居然带着

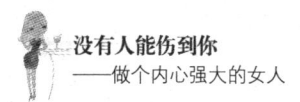

大家去做传销,而且让那些信任自己的人损失那么多。当时只是鬼使神差,一念之差,哪想到钱没挣到,还让自己臭名昭彰。当时她的想法很简单,就是想帮助贫苦老乡们早日摆脱贫困状态。这是她人生中一段惨痛的经历。

很长一段时间,她不敢回村里。她的自信心和自尊心受到了严重的打击。但是她并不是有意要欺骗谁,不能让自己总是受人唾骂,所以,为了证明自己也好,为了挣一口气也好,她找了一份与自己专业相关,又擅长的工作,踏踏实实地去做。

她把别人用于喝咖啡的时间用来看行业资料,节假日也不敢浪费一分钟的时间,她作为一个新手,以最快的速度在单位站稳了脚。她单独负责的几个项目在市场上受到了好评。她上学时的那份自信终于又回归了。

很多女人本来是很优秀的,但是由于一些不幸事故的降临,让她们失去了原有的优越感和自信心,从此开始怀疑自己。叶子跟我提起她的这些经历的时候,已经时隔六七年了。现在的她在一个企业做高层主管,非常自信,她说"幸亏当时没有一直沉沦下去。我不相信这辈子就让一次传销经历给毁了!"

一个人的价值并不会因为她经历过一些挫败的事而发生改变。这就好比你手中的一百元钱,你把它揉成团,扔在地上,然后狠狠地踩上几脚,当你捡起它时,它还是一百元钱,并不会因此而掉价。

不要让那些不幸的事阻止了你前进的脚步。即使你曾经犯了错也没多大关系,你要意识到,别人因此对你产生的一些不良评价也是在情理之中的事情。他们有批评你的自由,你也有改正自己的权利。我们的生活是奔向未来的,而不是回到过去。

有些女孩意外失身,就感觉自己低人一等,连找对象的时候都不敢找条件好的,觉得自己配不上对方;还有一些女人离了婚,就觉得自己掉了价,找再婚对象的时候直奔二婚男或高龄男去,否则就怕别人笑话。

其实一个失败的过去完全可以转变成前进的动力,试着正面的审视自己,其实你根本不必紧张,你还有大把的时间和机会证明你的优秀。走出过去的魔爪,要靠自己的力量。

"推倒重来"的说法,在股市证券市场上已是人所皆知。这话用在女人身上同样合适。但很多女人是可以"推倒"而不可"重来"。她们沉迷在过去,一蹶不起。"推倒"之后,不要以为就是完全放弃,而是为总结经验教训,重新开始。为一件错事耿耿于怀时,想想"推倒重来",先从坏事开始的那一天去"推倒"吧,让所有的错事全部还原,该认错就认错,该回头就回头。

记住,无论发生了什么,你永远都是那个优秀的你。

离婚可能也是一次重生

如果按过去的观念,离婚对于一个女人来说是一件很不光彩的事,在背后也会被冷嘲热讽。不管出于什么原因离婚,人们往往不问青红皂白,一概加罪于女人。她们的自尊心受挫,声誉降低,一时抬不起头来,背上"离婚的女人低人一等"的自贱心理。

然而,现在,离婚成了一种社会常态。女人

婚姻的最高境界是"白头偕老",但是很多女人为了守住这个理想的结局,维持着不合格的婚姻。

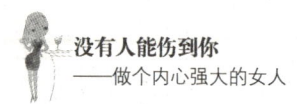

们不像过去那样遮遮掩掩,能够做到豁达地面对家庭的变故。我的女同学中,有好几位目前都处于离异独自抚养孩子的状态。离婚并没有让她们觉得天塌下来了,至少在我们外人看来,她们离婚后的生活依然过得多姿多彩。既然婚姻是为了追求幸福,当彼此的关系使人痛苦时,分开又何尝不是一种救赎之道?

对于女人来说,离婚可能也是一次重生,从此活得更加精彩;也有可能是一份永远无法释怀的痛,从此颓废一生。

有个女人说自己是在屈辱中结束那段婚姻的。前夫带着小三到国外去开始新的生活,无情地把自己和儿子留在国内相依为命。每次一想到前夫把自己的生活毁成这个样子心里就非常痛恨,不甘心又无可奈何。她的心情变得更加复杂、沉重,白天不想见人,夜里不能入睡。偶尔碰见熟人和同事,总感觉他们在背后议论和嘲笑自己。

她不停地告诉自己要乐观,要努力面对现实,但心里就是无法平衡。有时候还会迁怒于孩子。孩子不听话的时候她就狠狠地打孩子,打过之后又非常后悔。

在离婚率高发的这个时代,很多被迫离婚的女人都经历过这种刻骨铭心的疼痛。据对离婚者的心理调查证明,尽管离婚者5对中有4对在提出离婚申诉前实际上已经分居了,可是当果真最后分开时,精神上的痛苦到达顶点,并且之后常为不安和寂寞所困扰。

其实,每件事物都具有两面性。现在发生的对你来说是一件坏事,但对于长久来看,未必不是一件好事。你可以换一种思路,无法维系的婚姻勉强维持下去,伤害可能会更大。如果能反问一下自己:"同一个已经和自己没有丝毫感情的人继续共同生活,难道还有什么快乐吗?"要学会尽可能理智地控制情绪,使心胸开阔一些,眼光放远一些,从而得到解脱。有的女人一辈子都在不幸的婚姻中挣扎,一辈子都没有快乐过;而有的女人则置之死地而后生,彻底结束痛苦,迎接幸福。

婚姻的最高境界是"白头偕老",但是很多女人为了守住这个理想的结局,维持着不合格的婚姻。轻则唉声叹气,重则忍辱负重。你的人生,究竟要的是一个结果,还是一个过程?用大好的青春去苦守一个"圆满"的结果,想想值还是不值。

结束一段婚姻,疼痛自然是难免的,但是生活还得继续往前走。所以,必须在思想上接受现状,找地方发泄自己的痛苦。把离婚后的喜怒哀乐大胆地、毫无保留地向你的好朋友或家人宣泄,听听他们的劝告和建议。不要在过去的事情上太过纠结。事情既然已经结束了,就尽早地"放下"。我们知道,一种情绪其实也可以让人沉迷其中。咀嚼痛苦往往会让痛苦加剧,女人很容易由他人的折磨转化为自我折磨。

对于不少女人来说,离婚后的自卑感并不是来源于离婚本身,而来源于周围人的白眼。她们总觉得自己掉价了,这种消极的心理会在很长一段时间内左右着她们的行为。这时最主要的是客观地看待自己,振作精神,对消极的舆论泰然处之。这样才能较早地摆脱困境,重新获得生活的主动权。我想,只要不把自己封闭起来,坦率地把自己的感受和今后的生活打算向亲友们说出来,一定会获得他们的理解和支持。

为消除离婚后的孤独感,可通过建立新家庭来冲淡它,当然,这次的选择应该慎重。如果有合适的机会,不要错过。

网上有一位女性朋友写过这样的帖子,描绘女人的"后离婚生活":

"离婚前,我精心地做好饭菜,总是等到深夜,都不见他的影子。离婚后,我只照顾我自己,我可以洗手做汤,做出精致的美容餐。也可以索性不做饭,只吃一个苹果做晚餐。"

"离婚前在前夫眼里我是泼妇,离婚后在别人眼里是温柔可人的淑女。离开他才发现,男人也各有各的不同。他们有的成熟,有的智慧,有的风趣,有的充满活力……从前的我为了一棵树失去了整个森林。"

"前夫又和那个女人吵架了,看见我,陪着笑脸:'我们还是复婚

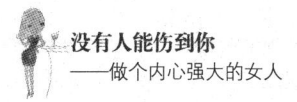

吧！'我对着他妩媚地一笑：'慢慢来，别着急，后边排队去！'"

一个女人要明白，我们每一个人都是别人无法取代的绝对存在，有自己的特殊价值。就像灯光再亮，也不能取代太阳，又像塑胶再美，也不会有蜜蜂来徘徊。只要心中充满阳光，脸上永远绽开笑容，生活就不会让你失望。

别担心，你不过是"路人甲"

"她摔跤的样子好丑啊！""她瘦得像一根电线杆子，胸部比平底锅还平！""快看！她就是那个急急忙忙冲进男厕所的女生！"没错，这些都是在说你，那又怎样？放松一点，大胆一点。该怎样就怎样。展现最真实的自己，人都有犯错的时候，都有尴尬的时候。不要生活在别人评价的恐惧中。你不过是他人眼里的路人甲、路人乙、路人丙……没有必要去在乎他人这种评价。

以前我是个文静且害羞的女孩，特别是在比较重要的场合，我都十分注重自己的一言一行，为了不表现出自己的愚蠢和无知，尽量不说一句多余话，不做一个多余的动作。

有一次要参加一个同行业的聚会，由于出门太着急，我居然把毛衫上的纽扣扣错了位置，就急匆匆地进去了。进去后跟很多陌生人一一握手，做介绍，然后跟他们聊天。直到上洗手间的时候，我才从镜子里发现了衣服上的问题。当时觉得羞愧难当。

再次回到座位上时，我就不好意思主动跟人说话了，总是想到纽扣的事情，"刚刚那些跟我微笑的人，是在笑我穿戴不整齐吗？""他们会怎么看我？""多丢人啊！"我的脑海里总是这几句话翻来覆去地对自己说。

回家时，我把这件事跟同去的女伴说了，她居然很不在意地说："我真没注意你！"看来，我的担心是多余的。

当我们认为别人注意到我们的时候，就会紧张，难以放松。而实际上会怎样呢？别人可能根本就没有注意，而我们已经把自己紧张得不成样子了。

在一项心理学的实验中，研究者请一名学生穿一件T恤，胸前印着过气歌星的图片，坐在另外5名新来的学生中间。然后研究人员询问，这位穿T恤的学生觉得有多少人关注到他身上这件令人尴尬的衣服。同时询问5名学生，是否注意到那位学生身上穿着的T恤。结果穿这件T恤的学生认为有50%的人关注到了他的T恤，而对另5名学生的调查表明，只有20%~30%的学生注意到了这件T恤。这个实验表明，人们容易高估了别人对自己的关注度。

日常生活中，我们常常对一些状况比较在意，比如说穿着，言行举止，发生的某些事情，但很多时候别人是不会很在意你的情况的，这种现象在社会心理学中叫做"探照灯效应"，意思是，大家通常会认为自己处在别人关注的环境下，犹如有一个舞台上的聚光灯时刻照在自己的身上，因此，一言一行一举一动都会引起别人的共鸣。探照灯效应就是容易夸张自己的特点在众人面前的醒目程度。

很多人因为在意别人的评价，特别是别人的负面评价而感到烦躁不安。还有很多人，总是觉得有人盯着自己。自己的一言一行都小心翼翼，不敢多说一句话，不敢多走一步路，就怕自己被别人看轻。

如果不小心在公共场所摔了一跤，够他回想半天的了："多糗啊！""太丢人了！""真尴尬！"都走了一公里路了还在为自己摔了一跤的事不安。哪知道人家都忙着自己的事情呢，哪有那么多的工夫把心思花在观察你身上。你的尴尬，最多让人当时哈哈一笑，笑过后人们马上就

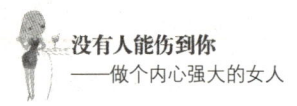

会忘掉，你又何必耿耿于怀呢？

"她摔跤的样子好丑啊！""她瘦得像一根电线杆子，胸部比平底锅还平！""快看！她就是那个急急忙忙冲进男厕所的女生！"没错，这些都在说你，那又怎样？放松一点，大胆一点。该怎样就怎样。展现最真实的自己，人都有犯错的时候，都有尴尬的时候。不要生活在别人评价的恐惧中。你不过是他人眼里的路人甲、路人乙、路人丙……没有必要去在乎他人这种评价。

别人指责你、嘲笑你、谩骂你、给你脸色看，不说明你做得就不好，只能说明你的行为不符合他们心中的标准。而他们的标准，他们的心意，只属于他们自己，并不一定属于你。况且他们对你的评价也是短暂的，转眼他们也会忘掉这些。

换个思维方式：在你的脑海里，会存储某天路人甲不小心口误引起的尴尬吗？是否有某天路人乙做了个不痛不痒的错事后给你留下很深的印象？某天你看到一个奇丑无比的路人丙，现在还能清晰记起他的模样吗……对别人的这些小事没有必要刻意地去记住。因为每个人最关心的都是自己的事。

你总是认为自己做的不够好，总是认为别人会看不起你，那是因为你把自己看的太重要了，其实真正关注你的人只有一小部分的亲人和朋友，他们给予我们的是关心、问候和帮助，偶尔说出一些我们无法接受的话，做出一些让我们无法接受的事，他们的出发点也是善意的，也是真心的想让我们更好。

我们都是别人眼中的匆匆过客，所以不要把自己看作是焦点，不要错误地认为每个人都在关注你，那样你会活得很累。不要让他们影响到你。不是有这么一句话吗"走自己的路，让别人去说吧！"

第 4 章

别管他人怎么看,你要看好你自己

我们都是别人眼中的匆匆过客,所以不要把自己看作是焦点,不要错误地认为每个人都在关注你,那样你会活得很累。

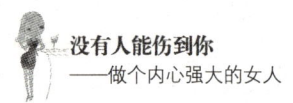

没有人能伤到你
——做个内心强大的女人

保持三个"我"的平衡

奥地利心理学家弗洛伊德将人格分为"本我"、"自我"和"超我"三部分。

"本我"是人出生时就有的固着于体内的一切心理积淀,是被压抑的、非理性的、无意识的生命力、内驱力、本能、冲动、欲望等心理本能。它就像一个小孩子一样,不考虑其他因素,只想满足自己。

"超我"与"本我"相反,是人格系统中专管道德的"司法部门"。它凌驾于"自我"之上,仿佛是社会道德训条、权威者的高尚道德的代表,来监督控制"自我"。它遵守的是一种道德原则。它就像一个

懂得控制自己的心理和情绪,不要为了满足欲望而过度放纵自己。

懂得放松自己,不要给自己过高的道德准则的压力。

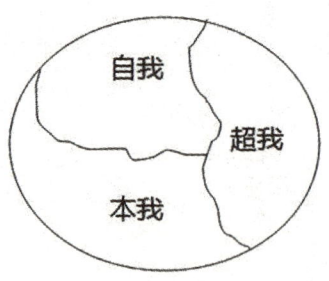

如果"本我"和"超我"的矛盾太深,一个人就很容易出现心理问题。

执法机关，随时监督你的道德准则和行为。

"自我"则介于"本我"和"超我"之间，是一个人后天学习形成的，是对自身与社会的理智的认识。它正视现实、符合社会需要、按照常识和逻辑行事。它遵照现实原则，压抑本我的种种冲动和欲望以进行自我保存，另外也尽量使本我得以升华，将其盲目冲动、欲望引入社会认可的渠道。比如，抑制自己的性欲、虽然饿，但知道什么能吃，什么不能吃。这都是"自我"的控制和压制。

那些对自己要求严格、容不得丝毫错误的人，"超我"过于强大，经常对过去的事情懊悔、自责，感到抑郁；而那些随心所欲，无所顾忌的人往往"本我"过于强大，"自我"在现实面前无能为力，动不动就摔东西，发怒；有强迫症的人多是"超我"与"本我"都非常强大的人，"自我"夹在中间左右为难，总要强迫自我去做一些莫名其妙的事情，比如反复洗手，不停地检查等。

我的母亲就是一个"超我"特别强大的人。她总是用很严格的标准来要求自己。只要是她认为是自己应该做的事，她都会尽力去做好，即使忍受着很大的疼痛也要把事情做得圆满。有时候如果没有做好，她会不停地自责，懊恼。而这些事在我们这些年轻人看来，根本就不叫事。

比如，她答应了要帮助某人解决一个困难，最终在解决困难的过程中，自己又遇到了一些不可抗力的因素，导致帮不了别人，她就会对别人非常愧疚，她会因为自己"失信于人"而失眠。所以，在我看来，像我的母亲这样"超我"强大的人活得并不轻松。

有一个女孩出生于军人家庭，父母都是军官，从小在军营长大，生活很有规律。父母对她要求比较严格，很少表扬她，更多的时候是指出她的问题，出发点是帮助她提高完善自我。在上高中时，父母明文规定，不许谈恋爱。女孩把所有的心思都用在学习上，可是最近她却做什么都心不在焉，而且成绩直线下降。原来，她喜欢上了班上的一个男生，可是又总是

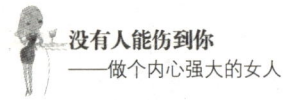
没有人能伤到你
——做个内心强大的女人

害怕那个男生看她。

她之所以害怕,实际上是怕男生向她"求爱",她担心的是自己卷入"恋爱"的旋涡——这对她来说是一个很严重的错误。

其实,青春期的少男少女对异性有好感或者对"爱情"有些朦胧的好奇与向往都是很正常的,但她在父母的教育下一直认为这是不合规矩的。所以,她一直克制自己青春期的躁动。两种思想不停地在她的头脑中打架。最终她的焦虑情绪严重影响到学习。

这个女孩就是"超我"过于强大。她的"超我"不停地对她说"谈恋爱是可耻的行为!""你必须控制自己的感情!"这样,她就会有一种惭愧的情绪体验,甚至自卑、自责。

她的"本我"又很弱弱地对她说"我真的很喜欢这个男生!""我好想了解这个男生的一切!"可惜,她的"本我"被"超我"压制。这个时候该怎么办?需要"自我"进场来劝架。

"自我"怎么劝呢?"自我"很现实地告诉她:"青春期对异性的关注是很正常的事情,喜欢一个人也没有错,只是现阶段你需要把重点放在学习上。和他做朋友吧!一起提高学习!"当她的"自我"协调好"本我"和"超我"的关系之后,她才会过得轻松,自由,快乐,充实。

社会上一些发生犯罪行为的人,是由于"自我"对"超我"的依从力减弱,而趋向于"本我"的结果。一个人想达到某种目的,当自身条件又不允许时,"本我"会命令他快点达到目的,以满足自己,无论偷或是抢;如果这时他的"本我"过于强大,他很可能会去做一些犯法的事来满足自己。

健康的人格中,"自我"、"本我"、"超我"这三个组成部分必须是均衡、协调的。我们要使自己有一个完善、健康的人格,就应该学会协调这三者的关系。如果"本我"和"超我"的矛盾太深,一个人就很容易出现心理问题,压抑自己,或是攻击他人导致犯罪行为。因此,我们应该发展和强大"自我"。

在平衡这三者之间关系的时候，我们至少要学会下面3点。

1. 懂得控制自己的心理和情绪，不要为了满足欲望而过度放纵自己。

人是一种很容易自我娇惯、自我放纵的动物，特别是对于一些贪图享乐的女人来说，饭菜总是愈可口愈好，衣着总是愈华丽愈好，住房总是愈宽敞舒适愈好，钱包总是愈满愈好……由于这些动机的驱使，她们就会想方设法通过各种手段去"追求"自己想得到的一切。

俗话说人心不足蛇吞象，人的欲望是永无止境的，无所禁忌地满足自己，并不是一件好事，有时候会带来严重的后果。放纵自己就是堕落，是对自己不负责任的态度。实际上，自己给予自己的自由越多，自己所受的束缚也就越多。不要一味地追求享受和自我满足，有时候安稳中的困顿也是一种很好的人生经历。

2. 懂得放松自己，不要给自己过高的道德准则的压力。

同样是为了达到某种目的，与那些过于放纵自己的人相比，还有一部分人总是给自己制定严格的行事标准，一旦没有达到自己的期望值，就形成强大的压力，产生自责和沮丧心理，影响工作和生活。

我们不是圣人，难免有能力不够、或是犯错的时候，很多目标并不是一朝一夕能达成，凡事只要做到最好的自己就行了。

3. 提高自己的情商，保持一颗平常心。

所谓情商，是测定和描述人的"情绪情感"的一种指示。具体包括情绪的自控性、人际关系的处理能力、挫折的承受力、自我的了解程度以及对他人的理解与宽容度。情商低的人不会处世，人际关系紧张，容易急躁或是缺乏理智；而情商较高的人，通常有较健康的情绪，有良好的人际关系，遇事懂得调节自己的心理，容易获得心灵上的放松。

高情商不是先天生成，而是在后天不断实践所得。这就要求我们保持一种平和的心态，喜怒哀乐，从容处之。

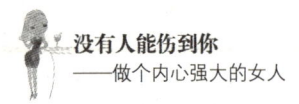

偏见无处不在，冷眼旁观即可

我们每个人其实都有偏见。一些偏见是我们在儿时习得的；一些是在我们感到威胁时所做出的反应；一些则是因为遵从风俗习惯而造成的等。

对于别人的偏见，你可以冷眼旁观，也可以用自己的行动去改变别人的态度。

有一女孩，在一家知名公司做文案策划。她在这里工作了6年，跟团队一起出差、加班。整日跌跌撞撞，工作异常辛苦。她虽然不起眼但是工作能力很强。她的工资待遇不高，每个项目她基本上都是中坚力量，可惜的是，每次领功的人都是她的上司Ada。Ada是个四十岁左右的女人，穿着干练，能说会道，她总是喜欢用自己的资历压住这些有活力、有思想的年轻人。

这个女孩因此而苦恼过，彷徨过，也想过离开这个地方，但是就这样离开，她有些不甘心。她希望自己的能力能被大老板看到。即使离开也要让人看出她的能力，让对方感觉遗憾。

于是，她很用功地工作，加班也好出差也罢，只要是工作需要，都会义无反顾。她真的把公司当成了自己的家。这么能干的员工，公司应该视为珍宝，领导应该非常赏识她才对，可是事实并不其然。

有一天，女孩把自己写的一个项目方案直接给大老板发了邮件。很快就收到了回复："希望以后听到更有深度的声音。"女孩看了觉得很吃惊。以前的方案都是这样写的，Ada一直得到大老板的肯定，为什么今天她直接发给大老板，他只是初略的看了一下就认为没有深度呢？

一直以来，大老板欣赏的都是Ada，Ada40多年的人生阅历，加上在工作上独当一面，早已成为了大老板的左膀右臂，而这个刚刚20出头的女孩，又能做出什么样的方案来呢？这就是大老板对年轻女孩的偏见。所以他连看都不用看，就认为女孩不行。

所谓偏见，指的是不对别人以公正的考查，便冒然做出判断。这种判断没有任何证据，只凭先入为主的成见而然。有了偏见，自然而然戴上有色眼镜去观察一个人，这样本来很简单的事情就会变得复杂起来。

我们每个人其实都有偏见。一些偏见是我们在儿时习得的；一些是在我们感到威胁时所做出的反应；一些则是因为遵从风俗习惯而造成的等。

20世纪八九十年代，很多女孩都从家乡到南方城市打工。每当她们过年回家时总是打扮得花枝招展，还出手阔绰，就有人怀疑她们做了一些不守规矩的事，所以挣了很多的钱。因为在乡下人的眼里，挣钱是那么不容易，何况她们又是些黄花大闺女，能干什么呢？

偏见也会产生偏见。通过自己的本事挣钱发家的女人们，会对乡下那些议论她们的人产生这样的认识：他们都是没见过世面的土包子，怎么可能了解外面的精彩世界！

当他人对你有偏见时，自己心里或多或少会对其产生抵触，久而久之会产生敌意，而对方亦会如此，最终可能会造成双方的隔阂。当你遇到偏见，你会怎么办？

只管走自己的路！

我上高中的时候成绩中等，好在一直喜欢并坚持写作。我工作之后由于没有找到方向，所以走了很多的弯路。同学们的工作都比我好，特别是以前成绩好的同学跟我联系都不太多。

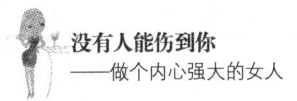
没有人能伤到你
——做个内心强大的女人

后来有一天,我终于出版了自己的第一本书,而且还卖得相当不错。朋友们都很羡慕我,赞赏我。其中有一个同学在跟我聊了很多之后,突然问:"哪里可以买到你的书?"我说:"全国新华书店都可以买到呀!"顿时他的表情惊愕:"是正规出版的呀?"听到这句话时,我的自尊心受到了严重的打击。敢情他一直以为我的作品是非法出版物呀!

如果你一直过得不好,你在周围人眼里可能早就是一个窝囊废了,但是突然有一天你赶上了好机会,能力得到了发挥,麻雀变成了凤凰,你就总免不了别人的各种怀疑。做最真实的自己就足够了。

有底气地做自己!

如果你穿着宽松的运动服,把棒球帽反戴在头上,染上五颜六色的头发,那么传统价值观的人很可能会看你不顺眼。如果这样装扮的人,是一个七十多岁的老太太呢?你会不会更认为她是"为老不尊"?

第一支老年街舞队的发起人和领头人就是一个70多岁的老太太。她身形苗条,容光焕发,时尚的"爆炸头",宽松帅气的滑板裤,还有翠绿鲜艳的"板儿鞋",看起来很年轻。

当她第一次从电视上看到街舞这种活动时,就被吸引了。她到健身房找街舞教练学习,并和一群20岁上下的年轻人一起上课。街舞让她身体的协调能力、记忆力、灵活性都有了很大提高,而对街舞的创编能力也得到了锻炼。

后来,想让更多的老年朋友尝到跳街舞的"甜头",她萌生了组建老年街舞队的念头。她满怀信心地到附近的街心花园,找那些扭秧歌、跳老年迪斯科的老太太,平时她们可都是在公园锻炼的积极分子。没想到一提街舞,她们都嗤之以鼻,有的还说,这是小痞子才跳的舞蹈。人们对街舞的偏见像一盆冷水,劈头盖脸地浇在她心上。

别人越是这样想,她越是想让别人看到街舞的好处。她先从自己身边的人入手,一遍遍讲述跳街舞的好处,一次次亲自跳街舞做示范。终于,功夫不负有心人,加入老年街舞队的人越来越多了。经过她们的不断努力，她们的老年街舞队冲出了国门，走向了世界，还多次到国外巡演。

对于别人的偏见，你可以冷眼旁观，也可以用自己的行动去改变别人的态度。

让人高山仰止的人也很普通

大约五六年前，我在一个公司从事宣传工作。有一个当时比较知名的编剧请我来做她的宣传企划。当时我在网上发各种评论与她的粉丝对话，希望得到粉丝的支持。但是无奈，粉丝们怎么也不相信我是她的工作人员。他们认为，她的工作人员不会天天泡在网上跟他们有大把的时间来聊天。

后来，我的书出版后，也有了一些忠实的读者，我们建立了一个读者群。我通常是一边写作，一边挂在网上，空闲的时候也闲聊。有一个读者看了我的书很想与我交流一些看法，她添加了我的QQ，首先就问"您是水淼老师吗？"我回答"是"。对方仍然不相信，"你怎么也跟我们一样挂在QQ上？""你怎么会有时间跟我聊天？"她不相信自己怎么可能和一本书的作者联

所谓的名人只不过是在自己的工作范围内，达到的成就和名气比一般人更高些而已，他们也会得病，也会衰老，也要吃饭、睡觉、上厕所……和普通人没有什么分别。

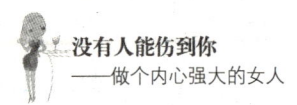

系上,还能一问一答地交流。为什么不可以呢?

我经常在朋友们面前开玩笑:以后我出了名,你们就认识名人了,所以,名人就是我这样。经常陪你们一起吃饭,无聊的时候上网玩游戏,逛超市挑物美价廉的物品,买衣服的时候跟店家狠狠地砍价,伤心的时候大声哭,开心的时候大声笑……

不要把偶像当成不食人间烟火的神仙或仙女。他们也是平凡的人,只不过他们身上的光环太多,把他们平凡的一面盖住了,你没有看到。比如很多人崇拜明星,其实,这些明星本身并不神秘,神秘的是他们所扮演的角色。如果没有聚光灯,没有保镖,他们的生活照样很普通。

早几年,我有幸见到了中央电视台一个非常有影响力的主持人Z,并与他同桌吃饭。见他之前,我的心情异常激动,包里揣了相机准备逮着机会就跟他合影。当时约在梅地亚中心见面。我到那里的时候,大厅坐了很多的人。跟我同去的老师说Z已经在大厅。我抬眼望去,并没有见到什么高大的形象。

当视线在大厅来回扫描几次后,我终于看到了他——在某个角落,穿着一件臃肿的黑色羽绒服,一个满脸沧桑的老头儿,佝偻着身子小声打手机,他示意我们坐下。完全不像我们每天在电视上看到的那个容光焕发的著名主持人。简直就是一个糟老头儿啊!

三人入座,吃饭,聊天。聊图书、聊主持,当他叫我"小水"的时候,就像每天见到的同事在叫我那么自然。他教我怎么说串场词,我跟他说我的写作心得。当时正碰上他出版了他的第三本书,而我恰恰也写过一本类似题材的书。当时就"斗胆"不知天高地厚地跟他聊了起来,或许他还觉得我这个小丫头说的话很有意思呢!

所谓的名人只不过是在自己的工作范围内,达到的成就和名气比一般人更高些而已,他们也会得病,也会衰老,也要吃饭、睡觉、上厕所……和普通人没有什么分别。你可以崇拜他们,但是你要知道他们和你一样也

第 4 章
别管他人怎么看,你要看好你自己

不要把偶像当成不食人间烟火的神仙或仙女。他们也是平凡的人,只不过他们身上的光环太多,把他们平凡的一面盖住了,你没有看到。

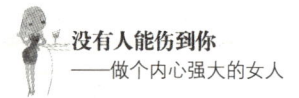

是普通人。不要把他们捧得很高,而把自己放得很低。

打击还是激励,取决于我们自己

我在网上碰到一个以前的同事,说是要给我提一些建议。我知道他当时过得并不怎么样。不知道是他太自卑,喜欢用打击人的方式来掩饰他自己的内心,还是我让他忍不住就要提一些建议。不管目的是出于打击,还是提建议,我说:"你尽管说吧,我会取其精华去其糟粕。"所谓良药苦口,忠言逆耳嘛,结果没想到他噼里啪啦,把我说得一无是处,有的甚至是故意歪曲事实。好听的话谁都喜欢听,难听的话谁都不爱听。我也不例外,但我还是控制住自己的情绪,非常有耐心地跟他一起分析问题。

结果他得出了一个结论:"你的心态真好!"仿佛他所说的一切就是为了试探我的心态如何。

我的心态为什么不好?这些年我一直在培养自己乐观的心态,尽力不让自己被任何事情打倒。经过岁月的打磨,我学会了如何去获得自己想要的生活,学会了做自己喜欢做的事情,也学会了去应对

> 某个人的某句话,到底是打击,还是激励,取决于听者的态度。心态好的人可能觉得是一种激励;而心态不好的人则认为是一种打击。

一些以前想起来都头痛的麻烦。

其实，再乐观的人也会有悲伤的时候，再自尊的人，也会有妥协的时候。各种情绪，或乐观、或抑郁、或平和，都不可能单独存在于一个人的精神世界中。一个人再独立、再执着、再淡定也会受到外在因素的影响。我们关键是要考虑到这种影响对我们来说是正面的，还是负面的，对我们值还是不值。

这让我想起了电视剧《继父》。这个继父养了一群不听话的孩子，尤其是大儿子实在太淘气，太有个性，跟周围的人格格不入，特别是对继父有一种天生的抵抗情绪，他不是一个合乎时代标准的好青年。

继父在怒其不争的情况下，说了一句很伤他自尊的话："如果你有出息了，牛腔上都能开出18朵牡丹花来！"就冲这句话，也要争一口气，证明自己并不是那么无能。这个有个性的大儿子怒气冲冲地离开了家，立志要做出一翻事业来，打破继父的预言。最终，他出息了，继父也得到了安慰，大儿子也体会到了继父对自己的激励之意。

我想，如果某个人用鄙夷的神情对我说出那么一句伤害自尊的话来，我会有什么反应？

我想了很久！对于这个人，可能我一辈子都不想见到他，我的事情用不着他来管！我对他深恶痛绝。

对于我自己，则有两种可能：

一种可能是：我可能暗自使劲，偏要做出一个样子来，让他刮目相看，让他收回说出去的话，泼出去的水。我的成功就是对他最好的回击。

也有一种可能：既然你认定我这样了，那我就是这样，因此破罐子破摔。我过得再不好跟你有什么关系呢！

我想，大多数人也会跟我一样选择前者。尽管我们不喜欢这种激将的勉励方式，但我们也会努力去做到最好。这与那个用语言中伤我们的人没有关系，我们仍然会恨他。

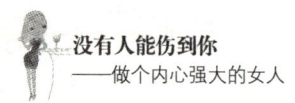

因为我们不是为别人而活,所以我们也永远都不会选择后者,我们不会把自己的一生葬送到某个人的某句话上。

某个人的某句话,到底是打击,还是激励,取决于听者的态度。心态好的人可能觉得是一种激励;而心态不好的人则认为是一种打击。

每一个语言背后都有一个动机。对于鼓励你或是打击你的人,你首先要想到的是,他们所说的话是否有道理,其次,再想想他们是什么人,他们说这句话的目的是什么,哪些是不怀好意,哪些话是对你的勉励。如果你多次因为同样的问题而"被提意见",那肯定就是你的问题了。

别人说的话是好是坏,你只需要冷静地听内容,再加以分析。对于真正能帮到自己的建议,不妨采纳,而对于那些恶意中伤的话,你大可付诸一笑。

第**5**章

好好爱自己，不要让自己一直哭泣

如果你懂得爱自己，那么你身边的人才会爱你；如果你会爱自己，你就不会感受到自己的委屈。不要等待被别人爱，而要主动爱自己。

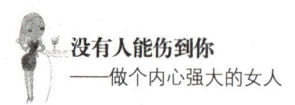

愈智慧，愈美好

亦舒曾说过，"真正有气质的女人，从来不告诉别人自己读过什么书，去过什么地方，有些什么衣服，拥有多少珠宝，因为她不自卑。"气质是装不出来的，腹有诗书气自华，漂亮的脸庞可以使女人美丽20年，而良好的修养和高雅的气质却可以让女人美丽一生。

美丽的女人在内心中常常具有一种优越感。每当有人把"美丽"这个字眼用于自己身上的时候，女人们都会心花怒放。因为，美，意味着别人羡慕的眼光，办事的快捷通道，愉快的通行证。

然而，随着岁月的增长，容颜褪去，唯一支撑女人内心的还是内涵。外在的美是天生带来的，而内在的美则是培养和修炼出来的，而且是永远不会凋零的，随着岁月的增长，这种美还会不断升华。

真正的美丽是一种境界。一种妩媚而不庸俗，自信而不冷漠，坚强而不霸道，热情而不卑贱，认真而不呆板，精明而不小气的境界。这种境界只有智慧的女人才能企及。有的女人生来国色天香，却让人退避三舍；有的女人相貌平平，却也能在周围人群中享受到"美女"的待遇。

我向来以为，一个女人天生的容貌是上天的恩赐，她可能因此很容易就能获得平常人难以获得的东西，因为她的美丽固然让她占尽了优势。但如果她不懂得珍惜这个优势,积极热情地生活,而凭借着几分姿色,华而不实,不思进取,她便算不上一个智慧的女人。因为一旦时光流失,容颜不再的时候,她剩下的只是一个空空的躯壳,人们很快会将她曾经的美貌淡忘。

与之相反,若一个相貌平庸的女人,只要她自信自己的美丽,并为自己的理想不断奋斗,在挫折中不断进取,她懂得展现出自己的力量,奉献出自己的微笑,即使起初在人们的眼中,她是那么的不起眼,但她的行为足以感染,甚至影响着周围的每一个人。这个女人便是一个智慧的女人。多年以后,无论时光如何加深她的皱纹,她的美丽依然能存在人们心中。

长相平平的王茜,平时在众人堆里很快是就能被淹没的那种,从来不引人注意。有一次我们去一个同事家聚会,同事家里放着一架钢琴,她出其不意地给大家弹奏了一曲。当流畅的音乐在客厅里响起,大家都安静下来,静静地注视着她。那一刻,大家都觉得她很美。

弹奏完毕,大家都很激动,纷纷称赞她,没想到她还有这样的才艺。从那天起,她在同事们心目中的印象就不一样了,大家尊称她为"才女",而这种尊重是金钱买不来的。其实无论什么时候,人们还是敬重有才能的人。

不要以为你拥有了漂亮的外表,便拥有了美丽;也不要因为你外表平庸,就以为自己不美。世界上没有不美的女人,只有不明智的女人。

自信是女人最好的气质。亦舒曾说过,"真正有气质的女人,从来不告诉别人自己读过什么书,去过什么地方,有些什么衣服,拥有多少珠宝,因为她不自卑。" 气质是装不出来的,腹有诗书气自华,漂亮的脸庞可以使女人美丽二十年,而良好的修养和高雅的气质却可以让女人美丽一生。

有内涵的女人必定具有丰富的学识和修养,她会认真地倾听别人的谈话,不会显摆自己,不会在大庭广众之下哗众取宠,更不会在人多的时候夸夸其谈,张扬自己的个性。她的聪明和涵养会规范她做事的尺度,懂得进退,展示出一种大家的风范,让人欣赏与倾慕。

她善于思考,懂得站在他人的角度,冷静地思考问题,学会包容他

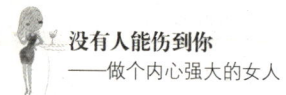
没有人能伤到你
——做个内心强大的女人

自信是女人最好的气质。

人。当观点不一致时,不会把自己的观点强加于人。她言语风趣,总是面带阳光的微笑,把快乐传递给好友。

一个有魅力的女人,举止谈吐,一投足、一举手之间都那么含蓄、深沉、温柔、善良,给人一种亲切、安慰、怡人的愉悦感和韵味感。不但她自己对生活充满了热情,而且还会唤起别人对生活充满了希望,使生命变得光彩照人。

总之,女人最大的资本不是漂亮、年轻和妩媚,而是内涵、优雅和智慧。

只有自己的才真正属于自己

跟一个90后的乖乖女聊天,聊到了全职太太。她说她一个朋友嫁人后就辞掉工作,后来生了个女儿,婆家人不喜欢她,丈夫也不理解她,不给她钱花,动不动还跟她发脾气。

我说女人尽量不要做全职太太,要有自己的工作,有一份至少能养活自己的收入,关键时刻能够维护自尊。她不这么认为,说全职太太没什么不好的,都是为了家庭。如果男人不理解那就是男人的问题。男人就应该保护自己的妻子和孩子。

我说,话是这样讲没错,但是,做妻子的不是更应该保护自己吗?她说,每次看到那些宣称女人要独立、要有收入、不靠男人的帖子,就感觉那些人在挑

> 好好爱自己,最基本的一点,就是过有自尊的生活,而独立则是这种生活的前提。要有这样一种气势:你给我,我欣然接受,并赋予回报;你不给我,我自己也能给自己,不留遗憾!

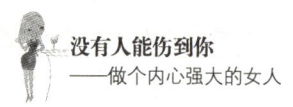

没有人能伤到你
——做个内心强大的女人

拨人家夫妻之间的关系，让他们的距离越来越大。

在婚姻中，夫妻是一体的，但是这个统一体又是由两个不同的个体组成。每个年龄阶段经历的事情不一样，对婚姻的理解也不一样。

在二十多岁热恋时期，男人通常会对你体贴得无微不至，不厌其烦地陪你逛街，给你做饭，给你剥虾吃；但是过了那个时期，结婚多年，有孩子之后，就完全不一样了，你再叫他陪你逛街，他会告诉你他很累；你让他剥虾给你吃，他会叫你自己剥；你叫他去洗碗，他会像块石头一样长在沙发上一样怎么拉都不起来。

每个人都是有惰性的，加上人的热情也是有时限的。现在他把你当成珍珠捧在手心里，但是很难保证他会一辈子把你当成宝。天长日久，即使生活在幸福婚姻中的小女人们，也需要保持一份危机感。这份危机感不仅让你在遭受冷淡、背叛时能做到处事不惊，更重要的是，能时刻提醒自己，不断优化自己，更好地爱自己。

很多女人总是有这样一种思想，丈夫和孩子就是自己的整个天空。在强求他们按照自己的要求做这样那样的事情同时，也把自己的整个心思花在了他们身上，从而失去自我。然而，丈夫真的属于你吗？他只属于他自己，他有自己的个性，有自己的事业，有自己的兴趣爱好，甚至有自己的小秘密，你不能总想着要占领他的灵魂；孩子属于你吗？他（她）也只属于他（她）自己，他有自己的想法，有自己的理想，也有自己的隐私，而且总有一天他（她）会展翅高飞，你不能总想着像一只母鸡一样把他（她）护在你的羽翼下。

你只有自己属于自己！不能为了他人而失去你自己，否则你将一无所有。很多女人们为家庭做出了重大的牺牲，因而要求回报，而事实上当她们的付出与获得不成正比的时候，她们就变成了怨妇。她们认为"我对你好，你就必须对我好，否则就不公平了！"要知道，你可以要求自己对别人好，但是永远要求不了别人。如果你非要用自己的付出换取别人等量的回报，最终只会让你失望。而要改变这种格局只有两个办法：其一，自己不要无休止的付出，保留一点给自己；其二，降低对他人回报的期望值，借用酒桌上的一句话就是"我干了，你随意！"

总之，一切都回归到一点：女人要善待自己，做最好的自己。比如，平时工作已经很累了，好懂得为自己减压；家务劳动不要自己一个人承担，而让自己早早地归入"黄脸婆"的行列，要懂得和家人一起劳动的乐趣；不要东家长西家短地闲聊别人，要把时间用来多看书，多学习；不要沉迷于肥皂剧，多锻炼身体，保持体形……

当然，好好爱自己，最基本的一点，就是过有自尊的生活，而独立则是这种生活的前提。要有这样一种气势：你给我，我欣然接受，并赋予回报；你不给我，我自己也能给自己，不留遗憾！

爱自己就如同朝阳升起

女人要明白这样一个道理：你对自己的态度将决定别人对你的态度。

如果你平时懂得保护自己，别人肯定不会轻易伤害你；如果你把自己看得很娇贵，别人也会把你当成一个宝。只有真正的爱自己，别人才会跟你一起爱你。

小娜是我一个好朋友的妹妹，由于患有甲

> 你可以和你的合作者共同拥有事业，可以和你的爱人共同拥有家庭，可以和你的知心者共同拥有思想，但你永远是你身体的唯一责任人。

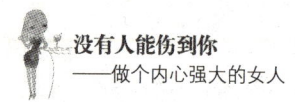

冗，所以她一直在家做自由职业，有事做的时候就做事，没事做的时候就闲着。她的生活状态听起来很舒服，每天可以睡到自然醒，又没有工作压力。她比较懒，自称会享受生活。前段时间，她突然感到胃痛，被送到医院，做了系列的检查后发现是胃穿孔，通过微量元素检查发现她严重缺钙。

据她的姐姐说，她几乎每天都在二三十多平的小空间里度过。平时很少晒太阳，一个人待在家，饮食不规律，身体能不抗议吗？

手术后，在家调养。我劝她没事多出来走走，多和人聊聊天。可是她已经习惯了现在的生活方式。一个多月后，正好我要给她介绍事情做。早上十点钟，给她打电话，还没开机，十一点钟再打，电话里传来了她晕晕乎乎的声音，她说才刚刚起床。我问晚上没有休息好吗？她却笑着说："哪有休息，昨晚看球赛了。凌晨两三点才开始睡！"

一个这么不爱惜身体的人，身体一定要出毛病惩罚她一下。我还认识一个女孩，这个23岁的女孩跟我有一面之缘。或许是觉得我可信，她的心事都爱跟我讲。她说他的男朋友太自我，太自私。

"我很爱我男朋友，从来都很听他的话。多么离谱都听的。他不喜欢我玩什么游戏，我就马上删掉；他不喜欢我跟异性朋友发信息，我就再也不发……可是最近我发现自己哭的次数越来越多，我才开始思考我跟他到底有没有可能。我朋友中没有一个觉得他好，父母也认为他很不踏实。有一次我跟他讲起我家里人的意思。他说我父母有病。他从来不怕跟我分手，现在他跟我说话越来越不客气，经常让我滚远点。从认识他到现在一共才一年多时间，我已经流产四次……"听到这里，我赶紧让她打住，别往下说了。

小女孩再不懂事，也应该懂得爱自己。难道她不知道感情是他们的，但身体是她自己的吗？她竟在一年多的时间里流产四次，男人不知道心疼也就罢了，如果连自己都不知道心疼自己，周围关心她的人还有什么可说的呢？

爱自己，首先要从爱自己的身体做起。有了健康的身体，才能享受生活，才能有充沛的精力去获得生活和工作的乐趣；才有能力和勇气积极乐观地面临生活的挑战，把生活变得更美好。

一个人首要的就是保持身体的健康，不做损害身体的事情。掌握"饮食、睡眠、运动"这三大健康的法宝。切切实实做好这三点，我想，健康生活也就不远了。

很多女人把"爱自己"解释为"自我放纵"，通宵地熬夜、抽烟、饮酒，贪吃，贪睡，一天二十四小时化妆……这其实是在害自己。我们一旦失去了健康，也就失去了美丽，失去了活力，最糟糕的是，衰老的面容也会跟随而来。

不要为了短暂的美丽而损害健康。比如做一些美容手术，过量的减肥。我并不是一个过分传统保守的人，我可以接受女人描眉画唇，尽管我知道化妆品中也有很多有害成分，但我始终无法接受很多女人为了美丽，"大无畏"的精神。有的人特意在肚子里养蛔虫，以保持苗条身材；有的人不惜把好端端的肋骨拿掉，来令腰身显得更加纤细。这些行为不是美化身体，而是残害身体。

不要为了迎合他人损害健康。女人每个月总有那么几天不适，这个时候更应该关爱自己。不能太劳累，不可吃生冷食物，心情要保持舒畅，更要注意卫生……这一点常常会被身边的男人们所忽视。千万不要为了迎合对方的需求而最终落下一身的妇科病。很多年轻的女人往往不在意这一点，等到上了年纪，她们才发现这个问题其实很严重。

你可以和你的合作者共同拥有事业，可以和你的爱人共同拥有家庭，可以和你的知心者共同拥有思想，但你永远是你身体的唯一责任人。

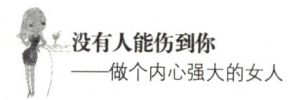

不要把爱自己的事寄托给别人

长期以来,女孩们总是被告诫不要轻易失身,随着时代的发展,人们追求男女平等,这个观点似乎有些过时,但是细细想来,这个告诫真的没错。

保加利亚哲学家瓦西列夫在《情爱论》中指出,一切爱情都是以性为基础。男女对性爱的感受是不一样的。女人的性爱感受更多的表现在对男人的情爱上;而男人在性爱的过程中,则比较偏重于对肉体的享受。上床,可能是一个男人对一个女人兴趣的终结,也可能是一个女人对一个男人兴趣的开始。

随着情爱的发展,必然导致双方不同程度的性接触,由情爱向性爱的发展是十分自然的规律;而性爱反过来又可增进情爱的深度,使情爱不断发展和升华。性爱使两个人的距离一下拉近,情爱到性爱的发展将给人们带来无限的乐趣和生活动力,增进人们的身心健康;但是如果处理不好,对女人身体和精神上的创伤是永远无法修复的。

有不少年轻女孩不再把恋爱期间发生性关系看

对于你真正喜欢的男人来说,更不要轻易满足他的性要求。这不是一个道德的问题,而是一个维系感情的技巧问题。越是不容易得到的东西,对方会越珍惜。虽然你可以很理直气壮地说"我不要任何人对我负责,我愿意",但是你最终需要对你自己负责。

第 5 章
好好爱自己,不要让自己一直哭泣

上床,可能是一个男人对一个女人兴趣的终结,也可能是一个女人对一个男人兴趣的开始。

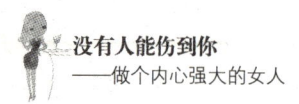
没有人能伤到你
——做个内心强大的女人

作是什么越轨的行为，往往也不想控制自己的热情和性冲动。有的第一次见面就上床，有的很轻易地就献出自己的第一次以证明自己对对方的爱。结果导致有的女孩一年内做几次人流；有的染上各种疾病；有的遭抛弃后痛不欲生。

如果当有男人对你说"你必须以实际行动来证实你对我的爱"时，你应该马上表面自己的态度"你若真的爱我，就应该尊重我的意愿。"真正爱你的男人，不会强迫你，她会尊重你；而玩弄女人成性或道德败坏的男人则往往会死缠不放。

对于你真正喜欢的男人来说，更不要轻易满足他的性要求。这不是一个道德的问题，而是一个维系感情的技巧问题。越是不容易得到的东西，对方会越珍惜。虽然你可以很理直气壮地说"我不要任何人对我负责，我愿意"，但是你最终需要对你自己负责。

有的女孩迷恋对方的英俊相貌、风度、地位、权力或金钱，往往不能把控自己，等对方抛弃后才醒过神来。男方的理由很简单："既然你这么痛快地就答应了我，你当然也会同样痛快地答应别人。"原来一切苦果都是自找的。

经常听到一些女孩失恋后为自己感到不值。我对她们说的话是：值得你爱的人，你就好好去爱；不值得你爱的人，趁早别爱！

男人就像商店里的商品一样，也有品质的好坏，功能的不同。有些女人的噩梦就是从挑到一个坏男人开始。为什么我们经常会谈论，某女孩长相不错，家底厚，温顺善良，却婚姻不幸；有的女孩相貌平平，脾气很大，却找了个对她百般宠爱又很顾家的男人？女人婚姻是否幸福，自身的原因占有三分之一，对方的人品占三分之一，相认的相处方式占三分之一。

不值得你爱的人是那些，对你的付出视而不见的人；对你的要求无礼，且得寸进尺的人；对你忽冷忽热的人；经常打击你，抱怨你的人……

而那些值得女人们托付终生的男人一般都有一些共同点：他对你的爱比要求多；尊重你的感受，不会无缘无故地抱怨你；有责任心，凡事为你承担；他爱你，但不溺爱你。与他相处，你不仅能体会到幸福，而且还能提升自我价值。

战小三，被动防不如主动攻

"结婚时，我20多岁，老公爱我；生孩子时，我30岁，老公喜欢20多岁的女孩；我40岁时，老公还是喜欢20多岁的女孩；我50岁时，老公依然喜欢20多岁的女孩……'小三儿'的乌云从结婚起就笼罩在我头上，我越老，云越厚。防小三这工作真不是人干的！"有一个女人这样说自己的心理状态。

如果你给自己找了一份"防小三"的苦差事，那你可能永远都快乐不起来了。防的时候，你的心时刻都处于紧张敏感的状态，有一点风吹草动，都会不由自主地添油加醋去想象，草木皆兵。你越是防得紧，越会激发男人的逆反心理。渐渐地，失去信任、宽容、耐心，以致于最后失掉感情和婚姻。

俗话说"进攻是最好的防守"。有时候，我们只有主动"进攻"方有取胜的可能。这儿说的"进

> 要想不离开男人，最好的办法就是让他主动贴紧你，而不是你死缠硬磨地跟着他。

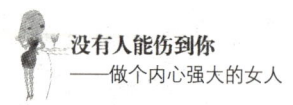
没有人能伤到你
——做个内心强大的女人

攻"不是指用武力让对方屈服，而是要进攻对方的心，用智慧和谋略紧紧抓住他的心，从而达到"不战而屈人之兵"的目的。

雯雯最近发现了丈夫的问题，她心情很糟，最终按捺不住，当场就质问他，那个和他单独喝茶，谈笑风生，打情骂俏的女孩到底是谁？丈夫只是轻描淡写地解释了一番，说是自己的一个客户。最终反倒说雯雯在无理取闹。

不是说要去公司开会吗？不是事情很多吗？为什么不在家珍惜每周两天的亲子时间，却和一个漂亮女人喝茶，还被自己碰上了？雯雯心里有事就会影响到睡眠，躺在床上翻来覆去地想这个问题，猜测他们之间究竟发展到哪一步了。人很疲惫。想了一晚上，到凌晨的时候，开灯看到自己的黑眼圈，终于想明白了一件事：为什么要这样折磨自己，我才刚刚三十岁，为了他至于把自己熬成一个小老太婆吗？何况，这事丈夫说的也许是真的。

于是，她命令自己坚强起来，乐观起来。既然他说只是一个谈得来的朋友，谈一些生意上的事，那就相信他。只要他自己能掌握一个尺度就好了。不是说男人是女人手中的风筝吗，任他飞多高，线在自己手上就行了。她知道丈夫是爱她的，所以她还要一只手牵着线，把另一只手解放出来去捕捉每天的美好时光。

从接下来的这个周末开始，她的生活不再是单位和家庭两点一线。她约上朋友一起吃饭，喝茶，并办了一张健身卡。除了把时间留给女儿，她故意不关注丈夫。

当她的心态调整到最佳状态时，她突然有了前所未有的自信。她不再什么事都为丈夫着想，不再把他当成自己的全部。看自己喜欢看的电影，买自己喜欢的衣服，吃自己喜欢的食物。每天都把自己打扮得漂漂亮亮的，胭脂水粉、高跟吊带一个也不落下。

经过一段时间，雯雯发现丈夫也在跟着变。一到周末就主动安排活动,陪孩子去海洋馆,去动物园,去采摘……说要吃雯雯做的饭菜,平时都准点回家,而雯雯也有事没事地跟女儿一起撒撒娇,耍个横!外面的世界虽然很精彩,也比不过家庭的温暖、舒适和随意。

现在丈夫非常宠她,把她当小女孩子一样看待,处处关心她,每天问长问短。用她的话说"老公说,我们家有两宝,他有个大女儿,还有个小女儿!"听了真是羡煞旁人!

要想不离开男人,最好的办法就是让他主动贴紧你,而不是你死缠硬磨地跟着他。要让他明白,离开了他,你还有你自己。要让他明白这个道理,最有效的办法就是做一个自立自强的女人。你只有自立自强了,才不会让他觉的有拖累之感,并且会让他从内心里由衷地对你另眼相看。由此他甚至还会对你有点不放心,担心你会忽视他存在的价值,害怕你超过他的能力和社会地位。

当你不断地丰富自己、完善自己、挑战自己,从外表到内心都让自己处于能够达到的最佳状态,充满活力和激情时,他的危机感也就产生了,他会反过来担心你的冷漠和背叛,从而掌握了婚姻的主动权,不动声色地让男人转变成为防守的一方。

做自己喜欢做的事,实现自己的人生价值,让他对你不容小觑。你越有内涵,表现得越神秘,他会越感到新鲜,越想挑战。要想保持他对你的新鲜感,首先就要确保自己有新鲜的东西来吸引他。

除此之外,女人应该有自己的心灵情感上的交际圈,对婚姻忠诚的前提下适度有自己的异性朋友,它与守妇道无关,只要适度就好,这对自己和婚姻都是有好处的。

幸福的女人只有不依赖男人而活着,才能活出自己的姿彩,且只有这样的女人才能让男人更加珍惜。

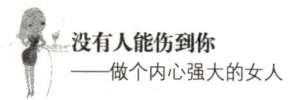

改变自己，不是为了别人

一个没有任何能力和手段的人，很容易被人忽视。很多女人把"对自己好"理解为过上懒惰、舒服的日子。其实这是一个非常错误的观念。我们每个人都不是单独的存在于这个世界上，我们要与社会发生联系，别人的态度和行动会影响到我们的生活。

有的女人嫁了一个好丈夫，就以为自己会快乐一辈子，没有危机感，特别是一些家庭主妇，她们的生活非常惬意，不用工作又有钱花，无聊的时候做做美容，逛逛街，看看小说……一个女人其实在物质上的满足远比在精神上的满足容易得多。女人如果总是不思进取，生活在现有幸福的"温床"上，其实是一件很危险的事：不去学习新鲜事物，不接触新鲜人，跟在商场第一线打拼的丈夫聊起天来就会心虚。久而久之，丈夫也不爱跟她说话了；她不提高自己，培养自己的修养，丈夫渐渐地也不爱看她了。她对丈夫来说，太没有吸引力了。

也许，有的女人会说"做自己最快乐！为什么去迎合老公，那样生活多没意思"是的，做自己最

第 5 章
好好爱自己，不要让自己一直哭泣

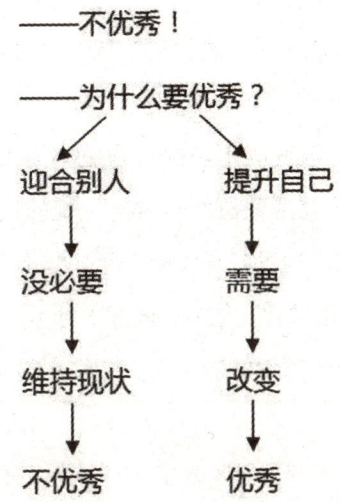

快乐，可是总是做一个糟糕的自己，我们能快乐吗？如果一个女人把"提升自己"理解为"迎合老公"，那她的生活当然没有意思。做最好的自己，才会最快乐！

我们提升自己，首先取悦的是自己。就好比，你穿一件漂亮的衣服，首先感受到心情愉快的是你自己，让人赏心悦目只不过是一个附带的作用；你学富五车，出口成章，举止优雅，首先让你对自己产生自豪感，让别人愿意主动来接近你只不过是一个附带的作用。

有一个女人，结婚后丈夫总是喜欢挑她的毛病。丈夫说她不会穿衣打扮，她便开始关注时尚；丈夫不爱回家吃饭，她就看烹饪教程；丈夫很少给她零用钱，她就努力工作挣钱。

几年的时间里，她有了很大的改变。她温柔又时尚、能挣钱还会做家务。在外人看来，她是软弱的，愚蠢的，为了他人在改变，生活在他人的评价中，失去了自我。

有一个很久不见的大学同学来到她家做客。对她说："为了一个不太爱你的人，你改变了原来的你，你这样做值得吗？你这样活着有自己的价

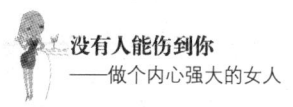

值吗?你累吗?"

这个女人抿嘴一笑。这时,她的丈夫从外面回来,进门就递给了她一束美丽的鲜花,并热情地给了她一个拥抱。

这个同学没想到,改变的不仅仅只是这个女人一个人,还有她的丈夫。几年前,同学第一次见到他们的时候,她的丈夫表现出明显的优越感。的确,在那个时候,她看起来各个方面都配不上他。而现在,同学倒发现,她的各个方面都很优秀,他未必能配上她了。

傍晚,散步的时候,同学和她聊天。"你真的变了很多。是他让你改变的吗?"

"是的,是他让我改变,但我改变并不是为了他。"

"那为了谁?"

"我是为自己而改变!只是没想到我改变的同时,他对我的态度也改变了。"她接着打了一个比方,"以前之所以不能吸引他,是因为我身上的闪光点确实太少了。即使我丢在大街上,他也不怕我被人捡走;现在的情况大不相同了,每次化了淡妆要出门,他总是千叮万嘱叫我早点回家,生怕我跟别人走了似的!"

我经常对一些婚后不注意形象的女人说,你也打扮打扮,减减肥吧。很多人都理气直壮地回答"我就这样了,他还把我甩了不成?"似乎要她们改变自己,是为了别人。如果别人没有需求,我们就不需要让自己变得更优秀,更漂亮一点吗?为什么不能为自己而改变?难道不用对自己的生活负责吗?

一些人失恋后,有所反思,"你不是说我做得不够吗?那我就做给你看!"因而不断地积极地改变自己——朝着对方所期望的目标去改变。他们最终做得很好。为了他人而改变的人,和为了自己而改变的人,虽然结果一样,但是动机不一样。动机不一样,当然心态会不一样。前者一旦达到了自己的预期目的(让前恋人觉得自己优秀)后,动力就会消失,而维持现状；而后者会不断地敦促自己做得更好，因为他真正地感受到自己的生活需要，才会不断地改变自己。

客观地看待自己的不足，让自己变得更优秀——不是为了别人，而是为了你自己！

活着就要活得精彩

前几天跟几个女性朋友聊天。听到一个对另一个说："咱们应该经常出去旅游！孩子都长大了，父母身体还行，趁现在还年轻，出去多玩玩，再过几年就老态龙钟就动不了啦。"

另一位平静地回答："我是属于只能进厨房，出不了厅堂的人，在家待着习惯了，还真不愿意出去。"她习惯了守住家，守住家人。

很多女人或许都跟她有一样的思想，一提到自己，首先想到的是父母的女儿，一个男人的妻子，一个孩子的母亲，却单单忘了什么时候是自己了。

她们在结婚的一刻，就把一半的自己交给了丈夫，等生了孩子，又把剩下的一半交给孩子。等到丈夫事业稳定了，孩子长大了，她有时间

不要把所有的时间和精力都放在家人身上，应该多留一些时间给自己。给自己的时间越多，越说明你是一个独立的女人。当你不再把视线盯在丈夫身上，不再把嘴挂在孩子身上时，他们绝对会更加在乎你的感受，从心底里尊重你，你也会从抱怨中得到解脱。

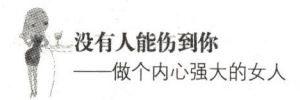

抽身出来为自己生活的时候，遗憾的是，她却习惯了这种为家守候的生活方式。此时，如果丈夫贴心，孩子懂事，她们会觉得自己的这一生也值得了。否则她们就会有一种莫名的失落感，特别是看到别人的精彩生活时，她才意识到自己的生活有多么的单调。

你所羡慕的别人的精彩，其实都可以发生在你身上，如果你愿意去改变的话。精彩这个词所包含的内容是丰富的，对于女人的整个人生来说，它不仅仅包含了婚姻中的浪漫，家庭中的温馨，还包括了事业中的激情，友谊中的感动，以及生活中点点滴滴的快乐。

40多岁的吴姐，是个临时工，平日里少言寡语，面无表情。同事们对她充满了好奇，却也不轻易接近她，因为看她的表情就让人欲言又止。

一年多的时间过去了。她慢慢地发生了些改变，开始主动跟同事说话，有时候还能在同事的话题中幽默一把。这时，我们才对她有一些了解。

她曾有一个很好的家庭。丈夫事业不错，也很爱她，孩子听话，功课也好。因为家底厚了，她也辞掉了工作，这种生活让周围的人羡慕不已。

男人有钱就变坏，在她看来是个绝对的真理。有一天小三打上门来，丈夫跟她摊牌，反过来警告她，要么睁一只眼闭一只眼，要么净身出户。她无法舍弃自己一直以来渴望的安稳生活和曾经为之付出整个青春年华的家庭。她以为只要自己守在家里，家就不会散掉。于是，她忍气吞声地生活了一年，那一年时间，她是一具没有灵魂的躯体。

终于有一天，她不能再忍受没有尊严的日子。她决定重新找回自我。虽然重新回到她阔别了十多年的岗位，让她感到很辛苦，但她生活得很自在。被岁月打磨出老茧的躯壳，那一刻破茧成蝶。那份自尊让她那不再年轻的脸上散发出自信的光芒。

短暂的人生总会有终结，生命的旅行总会到达终点，我们慢慢的都会老去，都会退出生命舞台，而生命是属于你自己的，活着就要活得精彩。

给自己一点时间，看自己想看的书，做自己想做的事。

不要把所有的时间和精力都放在家人身上，应该多留一些时间给自己。给自己的时间越多，越说明你是一个独立的女人。当你不再把视线盯在丈夫身上，不再把嘴挂在孩子身上时，他们绝对会更加在乎你的感受，从心底里尊重你，你也会从抱怨中得到解脱。

给自己一点闲钱，买自己喜欢的衣服，吃自己喜欢的美食。

幸福是自己给予的，而不是别人给的。只有善待自己，自己光鲜亮丽了，才会更加散发出女人的魅力，别人才会更加爱你。那些为了省一元钱不坐公交，为了省下孩子的奶粉钱不买化妆品的女人，虽然她的行为和心灵是值得赞扬和可贵的，但她却是最容易遭受男人背叛的。决定别人是否爱你的主要因素并不是你到底有多么爱他，而是你到底有多么大的魅力吸引他去爱你。

给自己一点空间，这个空间就是你自己的精神栖息地，不要让别人来打扰。

个人空间是每个人的精神需求。你的家人需要，你同样也需要。这个空间中，给你精神支持的，可以是你的某种爱好，也可以是你某些重要的朋友，不一定把你的喜怒哀乐都完完全全地展示给你的另一半。

给自己一点机会，实现最初的梦想。

在一个领域中做得成功的人大多都是男性。比如有名的外科医生、有名的厨师、有名的企业老总……女性寥寥无几。不是说"每个成功男人背后都有一个伟大的女人"吗？女人们把机会都给了男人，自己心甘情愿地做男人坚强的后盾。究其原因，除了个别行业是性别原因外，更多的恐怕还是女人们自身的原因。守在家里，不如走出家门，既然走出去了，不如走得更远一点。

做个会享受生活的女人

享受生活，是女人爱自己的最高表现。对于独立、自强的女人来说，现代社会赋予她们的压力一点都不比男人少，特别是对于三四十岁的中年女性来说，职业的压力、年龄的压力、夫妻情感的压力、孩子教育的压力一样也不少。无数的女人在劳累中将自己忘记。

大多数的女性都有过或是即将有这样的经历：

受到父母或兄长的宠爱，无忧无虑地生活。有一天，碰到了心爱的人，谈恋爱，结婚。

不错的工作，由于孩子的降临而被打断。待产、哺乳、养育从此成了她们生活的重心。

抱着婴儿，热着牛奶，洗着衣物，再苦再累她都认为是值得的，"现在孩子还小，等孩子长大了，我就可以好好享受享受了……"

孩子渐渐地长大了，要上幼儿园了。女人一方面要重新找工作，这时却发现原来跟她在一个起跑线上的同事早就不在她这个层次上了。有的女人这时已经不习惯朝九晚五的上班了，而直接当

> 无数的女人在劳累中将自己忘记。

> 人一辈子短短几十年，不要总想着"吃苦在前，享受在后"，我们要活在当下，因为谁也不知道下一秒会发生什么。当你的苦头吃尽了，到了你享受的时刻，你未必还有享受的能力和机会。

了全职妈妈；有的女人的工作从零开始……另一方面，还不能落下家里的那点活儿，买菜做饭、洗碗拖地、洗涮衣物，管孩子吃喝拉撒睡，陪孩子玩耍……是避免不了的，晚上哄孩子睡觉是避免不了的。女人忙得昏天黑地，忘记了日月星辰。

然而，她对自己说，不要紧，等孩子长大了就好了，就能享受了……她却不知道皱纹已爬上脸庞。

孩子终于开始上学读书了，女人陷入了更大的忙碌之中。带孩子参加各种培训班、小升初、初升高……无穷的操劳！

头发不知什么时候又从一根银色的，变成了满头银色。眼角的鱼尾纹纵横交错，脸上的斑点不定期地闪亮登场，老了，真的老了！女人什么时候才能无牵无挂地享受一下生活呢？

等到孩子们长大，上了大学，自立了，或有了工作。那个时候，就可以好好地享受一下生活了……不知不觉中孩子长大了，飞出鸽巢。仅剩下旧日的羽毛与母亲做伴。

现在，她终于有时间享受一下了，可惜她的牙齿已经松弛，无法嚼碎坚果。她的眼睛已经昏花，再也分不清美丽的颜色。她的耳鼓已经朦胀，辨不明悦耳的音响。她的双腿已经老迈……

出去的孩子又回来了，他带回一个更小的孩子——女人的孙子。女人恍惚觉得时光倒流，她又开始无尽的操劳……

在我所居住的小区中，大部分都是年轻的夫妻上班，家中有爷爷奶奶或是外公外婆帮着带孩子。有时候我也在想，当我老了，我也会变成保姆，也得给我的孩子带孩子。家人就像一个庞大的银河系，而我们是其中的一颗行星。

所以，我经常告诉自己和我的母亲，以及周围的女性朋友，无论压力有多大，无论有多忙，都要让自己享受。人一辈子短短几十年，不要总想着"吃苦在前，享受在后"，我们要活在当下，因为谁也不知道下一秒会

人一辈子短短几十年,不要总想着"吃苦在前,享受在后",我们要活在当下,因为谁也不知道下一秒会发生什么。

发生什么。当你的苦头吃尽了,到了你享受的时刻,你未必还有享受的能力和机会。

这里是享受生活的一些建议:

1.交几个红颜知己,寂寞时叫她们陪陪,要么逛逛商场,要么一块吃饭,要么在家小聚,几个小菜,几杯美酒,知心话儿一吐为快。可以骂骂老公忽视自己,也可以谈谈孩子如何教育。

2.尽量让爱人和你一起做家务。保护好双手,手是女人的第二张脸,洗碗的时候戴上手套,准备出门前抹上护手霜,并随身携带,以备在外使用。

3.在闲暇时哼着小曲整理一下衣柜。可以把不穿的衣服送给适合穿的人,整理孩子的衣柜时,看着孩子的小衣服还会使你想起孩子小时候的可爱,也是一种精神享受。

4.不要觉得自己付出了,就应该得到。谁都知道感情不是等价交换的,人与人的处事原则也是千差万别的。

5.和比你的生活状况差的女人聊聊,感受一下她们的辛苦、豪放、自信、满足,你会觉得你应该知足了。

6.和要好的同学聚聚会,使你觉得回到了从前,你仍然年轻。即使看见彼此眼角的皱纹,回忆着学生时期的趣事,心里也不觉得老了。

7.想哭的时候大声哭出来。有个人听你哭诉更好,如若没有,找个安静的地方痛哭一场也会感到轻松许多,人人都有脆弱的时候,不必觉得不好意思。

8.穿着宽松的睡衣,懒散地躺在沙发上看看韩剧,欣赏韩国女人漂亮的服饰,时髦的发型,丰富的表情,也很惬意。

9.趁父母健在的时候好好孝顺,免得日后后悔莫及。看到父母身体健康,心里满足,你会觉得欣慰。

10.找三两个女伴一起游山玩水。追求难得的放松,享受难得的锻炼身

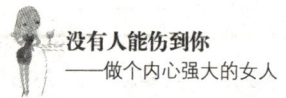

体的机会。

11.玩玩文字，玩玩图片。把自己臭美的照片贴在微博或博客中，让自己的爱美之心得到满足。

12.学会自我保健，懂得一些医学常识，防止妇科病的发生，每年做一次体检。

第6章
能力是支持强大内心的要素

内心强大的优越感来源于女人自身的能力，一个各方面能力都很优秀的女人，她的内心要比能力较差的女人更强大，她的支撑力量是来源于自身的现实。女人一定要具备让自己幸福的能力。

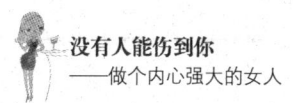

没有人能伤到你
——做个内心强大的女人

掌控让自己快乐的因子

生活中,为什么有的女人快乐,有的女人感到生活不幸?因为她们缺乏让自己快乐的能力!

看看身边那些不快乐的女人:因为工作不顺心而感到举步维艰,很大程度上是因为她们缺乏工作能力;因为人际关系处理不好而感到沮丧,很大程度上是因为她们缺乏交际能力;因为丈夫不够爱自己而感到失落,很大程度上是因为她们缺乏爱的能力;因为生活环境不如意而感到失望,很大程度上是因为她们缺乏改变自己的能力……

种种这些能力构成了一个个幸福的元素。再看看那些生活幸福的女人,她们拥有幸福的资本:工作上的成功带给了她们成就感;人际关系的和谐带给了她们归属感;婚姻家庭的圆满带给了她们满足感……这些快乐其实都是她们个人能力的体现。

女人要想过得自由、快乐,要么提升自己的能力,从而使需求得到满足;要么降低自己的需求标准,懂得"放下",不要太贪。如果你放不下,就必须要拿得起。

> 女人要想过得自由、快乐,要么提升自己的能力,从而使需求得到满足;要么降低自己的需求标准,懂得"放下",不要太贪。如果你放不下,就必须要拿得起。

人的需求是不断增加的，当需求没有得到满足的时候，就会有一种挫败感，感到自己不幸而郁闷；而当这些需求不断得到满足时，人们就会不断体会到幸福。如何满足自己的需求呢？当然是靠自己！提高自己的能力。

一个人的心理优势，在很大程度上源于她的自信，而自信并不是天生的，而是经历了一些事情后，她对自己有了判断，而这些判断直接关系她的自信心。自信心不会凭空而来，它来源于可掌控！胸有成竹的人为什么自信，是因为她们对一切都有把握。

并不是说女人要能力就一定成为女强人，而是要成为一个强女人。把家庭经营得和谐融洽，把自己打扮得漂亮有魅力，工作做得有声有色，同样也是一种能力。

首先，女人要有养活自己的能力。

当一个女人有能力养活自己的时候，全世界的男人都会特别乐意养你；但如果你没有养自己的能力，那非常抱歉，所有的人都会躲着你。你可以吃着丈夫的饭，花着丈夫的钱，但前提是，这是只是你"愿意"的结果，而不是你"必须"的结果。

其次，要有博得他人所爱的能力。

人们只有得到众人的认可才会获得满足感，所以必须学会一些为人处世的本事，让自己受欢迎。不懂得变通的"一根筋"女人很容易碰得头破血流。一个深谙人情世故、会说话，会办事的女人才不会为世俗所累，才能少走弯路，少碰壁、潇洒从容地走过一生。

最后，要有爱别人的能力。

心理学家说，爱的能力是指和他人建立亲密关系的能力。爱别人，听起来很简单，但这件事你未必能做对。你爱了，对方未必接受。在爱人，我们需要修炼沟通、分享、信任……对孩子，我们需要修炼耐心、付出、理解……对父母，我们需要修炼孝顺、感恩、关怀……对陌生人，我们需要修炼微笑、同情、支持……

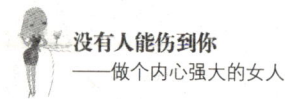

当我们做自己有把握的事情时，往往会充满信心。当然，你会说，人生不会只做有把握的事，没错，但是我们可以把那些没把握的事变成有把握的事。这就需要我们提高自己各方面的能力。你可以不为具体的事做准备，但必须准备做一个可以面对任何事情的人！

强大的精神世界不是凭空而来

不要怕失败，重要的就是开始做。如果老天善待你，给了你能干的丈夫和优越的生活，请不要收敛了自己的斗志；如果老天对你不够疼爱，百般设障，也不要磨灭了对自己的信心和向前奋斗的勇气。

假设这样一个画面：

一群漂亮的女人在一起聚会。其中有两个女孩比较引人注目，一个是开着名贵跑车来的小A，一个是骑着旧自行车来的小B。小A是个被富商包养的二奶，涂脂抹粉，打扮时尚，所以受到大家的关注。小B是个小有才气的画手，穿着平淡，素面朝天，但是举止优雅。

坐位上，小A看不起小B，觉得她太老土，出手还小气，跟自己不是一个档次的人；没想到小B也同样有这样的感觉，瞧不起小A，觉得她不过是个漂亮的花瓶，一无是处，她根本就不屑与这样的人同处一室。两人就像开手动挡车的人瞧不起开自动挡车的人，开自动挡车的人瞧不起开手动挡车的人。

小A和小B都是有优越感的人，但是她们优越感的支撑不是同一物。我们可以想象，如果小A失去了富商的物质支持，没有了跑车，没有了名贵衣物，她会怎样？而小B，她的优越感是自己给予的。她不需要外在华丽的服饰和名贵的车去支撑强大的内心，她只需要自己双手画出来的画，从别人眼中流露出的赞赏就能给予。

在坐的其他女孩，开始被小A吸引，后来听说小B是文化圈一个小有名气的画手后，都对她投来了羡慕和尊敬的眼光。有几个女孩还开玩笑要小B签名送画呢！

在现今浮躁的社会，女人更需要沉淀自己，懂得发现和挖掘自己的才能并激发它，坚持下去最终成为你那个领域中的最好，实现自我人生价值。

实现自己的价值不是为了成为女强人，而是为了让自己的每天都过得充实有意义。对于一个女人来说，没有家庭的人生是不完整的人生，而没有事业的人生又是苍白的人生，事业是基础，家庭是港湾。事业，是人们追求物质的基础；家庭，是人们疲惫时休憩的港湾。只有事业，不算真正的成功，因为无人与你分享，只有家庭而没有事业也不算真正的幸福，因为缺乏个人价值的实现！

个人价值的实现让女人更加自信。很多女人对生活不满意，对丈夫不满意，却希望靠别人来改变。她们宁愿把时间花在那些琐碎的小事上，也不愿意去追求自己的理想。

很多女人害怕失败。其实衡量一个人的人生价值，并不是看最后的结果，因为人的一生被很多不确定因素左右着，追求目标的过程同样也是一种享受。比如我，喜欢阅读和写作，从书籍中吸取更多的养分，并不断学习，把自己的人生感悟和体会用文字表达出来，一边体会着文字带给我的乐趣，一边用文字去激励更多的人，这对我来说就是一种莫大的享受。

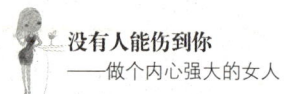

没有人能伤到你
——做个内心强大的女人

实现自己的价值不是为了成为女强人，而是为了让自己的每天都过得充实有意义。

经常有读者给我打电话,或发邮件跟我探讨他们的问题,向我倾诉他们内心的苦恼,我尽自己所能去帮助他们,给一些建议。我改变不了她们的生活,但能给予他们精神上的帮助或宽慰,能改变他们的心态,而对于他们来说,跟我这个陌生人聊天,也非常放松。

在对方挂上电话的之前的那声"谢谢,你让我懂了很多。""认识你是我这几个月来最开心的事",足以让我快乐一整天。每次看到一些年轻的读者就某件事与我长篇大论探讨时,我觉得自己正在做一件有意义的事,认为自己的存在是有价值的。

不要怕失败,重要的就是开始做。如果老天善待你,给了你能干的丈夫和优越的生活,请不要收敛了自己的斗志;如果老天对你不够疼爱,百般设障,也不要磨灭了对自己的信心和向前奋斗的勇气。

增加你的"可利用"价值

当你对别人很重要时,别人才会把你当一回事。

在心理学上有一个人际互惠原则:人际交往其实就是一种人际交换,各取所需。这里所说的交换,并不是像市场上的买卖关系一样,是物质品的交换,它同时也包含了非物质品的交换,比如,情感、信息、服务等,也就是我们

从那时候起,我发现了一个重要的真理:无论在哪里,有能力的人总是受人关注的,也是最不容易被人抛弃的。

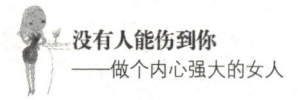
没有人能伤到你
——做个内心强大的女人

说的"好处"。

发生在人际交往中的交换与发生在市场上的交换所遵循的原则是一样的,也就是人们都希望自己的付出是值得的,希望在交换的过程中得大于或者至少等于失。不然,人们就无法保持心理平衡。

人们的一切人际关系的建立与维持,都是根据一定的价值观进行选择的结果。那些对于自己来说是值得的人际关系,人们就倾向于建立和保持。而那些对自己来说不值得的,或是失大于得的人际关系,人们就倾向于逃避、疏远或者终止。

当你的可利用价值越高的时候,人们就会把你捧得越高,你在别人心里的位置也越高。这是人的本性。

我们每个人所做的每件事,都希望实现利益最大化,人际交往也一样。没有一个人愿意对他人无偿的付出,也没有一个人会得到他人无偿的付出。一段稳定的人际关系,必须保持相互交换的平衡。总之,别人觉得你"可利用",才会重视你,所以你必须增加自己的可利用价值。

我刚刚进入文化行业的时候,什么也不懂。在一个规模不大的小公司历练。老板非常严肃,说话不苟言笑。我最害怕他那双眼睛。他要是对人不满,根本上不用动嘴说,两眼一瞪,就足以让人毛骨悚然。

有一天午休的时候,老板风风火火地从外面走进来,拿了一个优盘到大厅来,问谁会用Photoshop,我们这些编辑大多是做一些文字处理工作,能把Word用熟练已经很不错了。

当时见没人应答,为了在老板面前表现自己,我居然鬼使神差地说自己会一点点。实际上我对这个软件的了解程度仅限于打开和关闭程序。

老板把优盘递给我,让我用Photoshop简单地修改里面的一个文件。于是,我给一个做美工的同学打了N通请教电话,终于光荣地完成了老板交给我的任务。虽然只是一个很简单的事情,我却体会到了很大的成就感。

一个文字编辑,本职工作就是看好文稿,图片的事情本应该是美术编辑去做。这件事让我了解到,多学习一种技巧,就能多解决一个问题。

以后美编到位之前,公司要做一些简单的海报,要处理一些图片的时候,都会让我来做,我买了很多书,在家自学。

几个月后,当公司扩大,招聘了美编,打算办内部报刊的时候,我又学会了用Pagemaker软件。我不仅把本职工作做得漂亮,而且美编不在的时候,还可以"江湖救急"。

"你真是太强了!""多面手啊!"每当听到同事们夸奖的时候,我心里美滋滋的。我成了公司解决问题的高手,更重要的是,老板每次遇到问题,都会习惯性地问同事们"水淼在不在?"此时的我再看他,不管什么时候,任凭他把眼珠子瞪得快要掉出来,我也不害怕了。

短短的几个月时间,我就凭着"多面手"的称号,在公司站稳了脚。那时候我大概二十三岁。公司有些老前辈,写作功底不错,但是对电脑不熟悉;年轻的同事们思维活跃,想法多,但是大多没有耐心去做一些以前没做过的事,所以显出了我的优势。

从那时候起,我发现了一个重要的真理:无论在哪里,有能力的人总是受人关注的,也是最不容易被人抛弃的。

抓住最没负担的时期提高自己

慢慢的,也不知道从哪一天起,再有同学邀我一起"去北大听讲座吧?""到西藏去玩玩吧"就充满了无奈,不是要忙着清洗一周堆积下来的脏衣服,就是要照顾孩子。有时候不是没有激情,只是这种激情很难再有机会把它激活了。

学习是一种能力,是女人独立的一个很重要的手段。通过学习,提高自己的生活技能,更好地养活自己;通过学习,可以懂得为人处事的方法,加强思考的能力。在社会上,你会发现,谁的学习力越强,谁的独立性也就越强。也可以这么说:如果你掌握了"学习力"就等于掌握了自己的"生命力"。

很多女人很容易有这样一种思想:学得差不多就行了。女人终究是要回归家庭的,而家里不就那么点事儿吗?有什么需要学习的呢?

所以,她们很庆幸自己找到一份好工作,或是嫁给一个好人家,以为自己就可以高枕无忧,舒舒服服地睡在"成功"的温床上。这是一件很危险的事。即使你现在工作上职位还不错,你对现在的生活状况也很满足,也千万不要以为你可以凭这些"老本"过一辈子。因为,你只能保证自己今天还不错,却无法保证明天的你依然还有这样的优势。

珊娜在一家公司做人事工作近10年了,从最初的文员到人事助理,再到人事经理。她一人独揽人事大权，公司的人事工作全部是她一个人说了算，她的薪水也很高。

后来，公司业务不断扩大，被外资并购。新来了一位人事总监，是留洋的MBA，接着公司又招聘了一位新的人事主管，她成了这位新主管的手下。昔日的辉煌离她渐渐远去。四十多岁的她，又要照顾家庭，又要面对工作上的瓶颈，真是不容易！

尽管珊娜以前在公司是何等的威风，但现在她所拥有的除了经验和一些已经陈旧的专业知识外，其余没有任何竞争力可言。

为了让自己"长盛不衰"，一定得有"学习力"作为你的坚强后盾。如果随着公司的扩大，珊娜也不断地为自己充电，去学习MBA，以她的工作经验加上新学习的先进高效的管理理念，她绝对不会轻易被人挤掉。

女人要记住：只有不断学习，才能高瞻远瞩，才能超越梦想，才能让你魅力永存。随着年龄的增加，女人们更应当有一点忧患意识：原有优势已经在减少了，那么只有用智慧让自己重新由内而外地散发魅力。所以更应当不断学习、不断积累、不断丰富自己。

我这里说的学习，是广义上的学习。不仅仅指参加某个培训班，学习某种技能，只要是能提升自己的，帮助自己成长的，都能称为学习。哪怕你交了一个学识渊博的朋友，跟他聊聊天，也能让你学到很多的东西；哪怕你看了一篇文章，感悟到了作者的思想深度，也同样说明你学习到了很多。哪怕你听一堂公共演讲，你感受到了现场的激情，并激发你生活的热情，这也算是一种学习，如此等等。

女人最好的学习阶段应当属二十多岁未婚的时候。这个阶段精力旺盛，学习力强，没有家庭、孩子的牵挂，最适合利用一切业余时间去学习。婚姻家庭对女人的影响终归是很大的。女人应该抓住最没有负担，没有牵挂的时间段，充实自己。

现在想来，其实我很多基础的知识都是在二十多岁的时候学到的。那个时候求知若渴，经常无聊就去一些大学听课，有时候会为了学习某个领

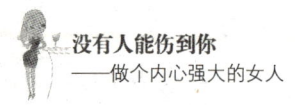

域的新东西而主动报班去学习,而且学东西非常的专注,完全可以做到传说中的"废寝忘食"。

我也经常到各地旅游,增加快乐的同时也增长了见识。拎包就出门,想到哪里就到哪里,想学什么就学什么。只要有人相约,就会很爽快地答应一起去。

慢慢的,也不知道从哪一天起,再有同学邀我一起"去北大听讲座吧?""到西藏去玩玩吧"就充满了无奈,不是要忙着清洗一周堆积下来的脏衣服,就是要照顾孩子。有时候不是没有激情,只是这种激情很难再有机会把它激活了。

把自己变强比什么都好

对他人任何的妒忌、抱怨、泄愤、打击都不如把自己变强。你强了,也就没那么多不平衡了,别人也自然不如你了。

我上班的时候,工作非常努力,有时候责任所在,经常加班到很晚,但是从来没有加班费,工资收入并没有达到我的期望值,升职的愿望也好像盼不到头。

后来由于各种原因换了几个工作单位,仍然处于这种现状,因为行业标准在那里摆着,你即使为老板把天上的星星摘下来,他也会按行业待遇标准对待你。于是,我和很多同事常常抱怨,老板们都小气。

最后得出的结论是：谁让人家是老板呢，老板的工作就是实现利益最大化。他在追求利益的同时也需要降低成本，榨取员工的剩余价值。如果你不想被压榨，那只有一个办法，自己当老板。

后来，我自己真的当老板了。责任变大了，能力变强了，我也不再抱怨"天下乌鸦一般黑了"，因为我自己也变成了"乌鸦"。

想要老板对你另眼相看，就必须拿出你的优势，并让他看到你的优势。经常有很多女人，感到社会不公，"为什么别人过得那么舒服，我却过得这么寒酸？""为什么她可以升职，我还在原地？"由于内心不平衡，而对别人产生一些敌对或仇恨心理。

结果怎样呢？无辜的人被你打垮了，你还是过着寒酸的生活，你还是没有升职！

这种女人从来没想过，自己为什么不如别人。她们把自己的失败归于别人的强大，而从来不想想，自己是否需要做一些提升。

对他人任何的妒忌、抱怨、泄愤、打击都不如把自己变强。你强了，也就没那么多不平衡了，别人也自然不如你了。

一位搏击高手参加锦标赛，自以为稳操胜券，一定能夺冠。出乎意料的是，在最后的决赛中，他遇到了一个实力相当的对手，双方竭尽全力攻击。拼打到中途，搏击高手意识到：自己竟然找不到对方招数中的破绽，而对方的攻击却往往能够突破自己防守中的漏洞。

比赛的结果可想而知，搏击高手惨败在对方手下，失去了冠军奖杯。

他愤愤不平地找到自己的师父，一招一式地将对方和他搏击的过程再次演给师父看，请求师父帮他找出对方招式中的破绽，好在下次比赛时打败对方。

师父笑而不语，在地上画了一条线，要他在不擦掉这条线的情况下，设法让这条线变短。

怎么让那条已经定格的线变短呢？搏击高手百思不得其解，最后只好

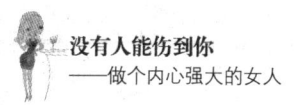
没有人能伤到你
——做个内心强大的女人

再次向师父请教。

师父拿起笔在原先那条线的旁边,又画了一条更长的线。两者比较,原来的那条线,看起来确实显得短了许多。

师父道:"夺得冠军的关键,不仅仅在于要攻击对方的弱点,正如地上的长短线一样,只有你自己变得更强,对方才会显得较弱。如何使自己更强,才是解决问题的根本。"

你想超越别人,最有效的办法只有努力地修炼内功,增强自己的实力,而不是通过不光彩的手段去贬低对方。

一个人最要命的是摆脱不了"比较"的模式,而且期望的结果是"你强他弱"。"让自己比别人强"和"让别人比自己弱",这两句话虽然表现出的客观状态是一样,但是内涵却是不一样的。前者是通过自己的努力,正大光明地加长自己的线;而后者则是通过一些阴暗的手段,偷偷摸摸地截短别人的线。

截短别人的线,虽然能够暂时让你领先,但是从长远来看,于我们自己是无意义的。也就是说,这种行为是损人不利己的。

这就好比,一个人爬梯子想站得高一点,看得远一点,可是她看到旁边也有一个人架着梯子往上爬,而且现在她自己只爬到了第三级,而那个人已经爬到了第八级,她就有些不安了。此时的她如果内心不平衡,很可能做出一些过激的事,例如伸出一脚将对方踹了下来,这样她就可以悠闲自得地往上爬了。

其实,别人往上爬跟你有什么关系呢?就算你把别人踹下来,你不也还没到顶点吗?而且这次别人掉下去了,你很难保证下次不会再来一个人又爬到你前面,那时你又会变得焦虑。

你的任务不是去打败别人,而是让自己从低处站到高处。倘若你非要跟别人比,非要打败别人,有一个一劳永逸的办法——自己努力、踏实地向上爬。

第 6 章
能力是支持强大内心的要素

你的任务不是去打败别人,而是让自己从低处站到高处。

关注自己的成长，规划自己的人生

我有一个小学同学，上学的时候她成绩非常好，但家庭条件不好，由于没有经济支持，她选择了上中专，因为那时候的中专毕业生国家包工作分配。

毕业后她被分配到县城的一个水电厂，负责开票。这个单位效益非常不好，所以她这份工作算是不太满意的。我们都为她感到有些遗憾，经常讨论她，要是当初她选择上高中，考大学，她的人生或许完全不一样。凭着她的聪明才智，如果选择一个更大的舞台，她一定能过上更好的生活。

我们都以为她这辈子都会在这个要死不活的单位度过了。有一天，大家都惊讶地听说她考上了北京某所大学的研究生。又过了几年，听说她在北京定居了。简直是不可思议。原来，她一直都有自己的人生规划，一直都在暗地里用功！

> 你今天站在什么位置并不重要，重要的是你将要迈向哪里，你是否有能力走到理想的彼岸。

你今天站在什么位置并不重要，重要的是你将要迈向哪里，你是否有能力走到理想的彼岸。每到一个地方旅游，我们都会去看看那里的导游图，找到自己的位置，然后确定自己都要去哪些地方，这样才不会在游览结束的时候,发现有很多景点都没有逛到而留下遗憾。人生又何尝不是如此呢?

"凡事预则立,不预则废。"事实也证明,有很多成功的女人所走的每一步都是有计划有步骤的。人生规划可以帮助你明确奋斗目标,有了目标才会激励你努力前进,创造条件实现目标,这样才不会随波逐流,浪费青春;同时还可以帮助你认清自己的实力,剖析自己,明白该追求什么,如何去追求,发挥所长,更好地掌控自己的前途和命运。

人生早做规划,会少走很多弯路。《管道的故事》我相信很多人都读过:

很久以前,在意大利的一个小村子里,住着一对堂兄弟柏波罗和布鲁诺,他们都有很远大的梦想,而且雄心勃勃。他们总是在希望有一天通过某种方式,让自己可以成为村里最富有的人。

有一天,村里决定雇他们两人把附近河里的水运到村广场的水缸里。他们都抓起两只水桶奔向河边。当镇上的水缸被装满后,长辈们就按每桶一分钱的价格付给他们报酬。

为此布鲁诺高兴极了,他简直无法相信自己的好运气,而柏波罗则不这么认为,他觉得这样提水非常累,他害怕明天早上起来又要去工作。他发誓要想出更好的办法,将河里的水运到村子里去。

第二天,柏波罗对布鲁诺说,我们干脆修一条管道,将水从河里引到村里去吧。这样的话我们就省得来回提水这么累了。

布鲁诺愣住了,他认为有一份这样的工作已经很好了。他分析说,"一分钱一桶,一天就是一元钱!我是富人了!一个星期后,我就可以买双新鞋。一个月后,我就可以买一头母牛。六个月后,我可以盖一间新房子。"

柏波罗没有放弃自己的想法,他将白天的一部分时间用来提桶运水,用另一部分时间以及周末来建造管道。他亦知道,要等一两年他的管道才会产生可观的效益。但柏波罗相信他的梦想终会实现就去做了。

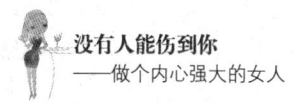
没有人能伤到你
——做个内心强大的女人

当布鲁诺晚间和周末睡在吊床上悠然自得时，柏波罗还在继续挖他的管道。但柏波罗不断地提醒自己，明天梦想的实现是建造在今天的牺牲上面的。一天一天过去了，他继续挖，每次只是一英寸。

终于，管道一完工，柏波罗不用再提水桶了。无论他是否工作，水源源不断的流入。他吃饭时，水在流入。他睡觉时，水在流入。当他周末去玩时，水在流入。流入村子的水越多，流入他口袋里的钱也越多；而此时的布鲁诺比以前更加的驼背，由于长期劳累，步伐也变慢了，他为自己一辈子运水而愤恨。

每个人的今天实际是为明天而准备的。柏波罗因为几年前有了修管道的规划，并且把他的规划付诸行动，所以后来管道修成功后他再也不必每天那么辛劳地提水了；而布鲁诺因为没有规划，他的一生都在提水，最后背也驼了，提的水也越来越少了。

看了这个故事，我们应该明白，我们今天的一个决定可能对十年后的生活产生很大的影响。今天的轻松，是因为我们把生活的责任都留到了将来；今天的苦和累，是为了明天的路更好走一点。而我们的人生规划，能将我们的今天和明天好好地连接起来。

在为自己列出人生规划之前，我们首先要分析自己的主要人生目标是什么，也就是问问自己，我们想要过一种什么样的生活。"我想在我的一生有什么成就。""在临终之时回顾往事时，一生中最让我感到满足的是什么？"

所谓"人无远虑，必有近忧"，远见往往基于对现实生活的准确判断，能帮我们避开前方可能出现的危险和困难。只有看得远，才能走得远；也只有想得远，才能做得远。如果你是一个真正有远见的人，那么必定会少走许多弯路；省去了走弯路的时间，便有可能更快地成功。

对你笑的人不一定是对你好的人

每天对着你笑的人，不一定是对你好的人，那些对你严格、苛刻的人或许是你的恩人。当你经历一些磨难，获得成功，回首时就会明白这一点。

程燕到单位没多久。跟她接触得最多的就是办公室的两个中年男同事。这两个人给人的态度截然相反，一个总是逢人就笑眯眯，开口就是"很好，很好！"程燕在心里叫他"笑脸大叔"；另一个则总是板着一副面孔，在工作上对别人的要求很近乎苛刻，他被程燕叫作"苦瓜大叔"。

程燕当然喜欢跟"笑脸大叔"接触。"笑脸大叔"在工作的时候也经常跟她聊天，而她有什么心事都会跟他说，"苦瓜大叔"则总是批评她，工作的时候不够专心。她越来越不喜欢"苦瓜大叔"了。

有一次，领导给程燕交了一个任务，让她写一个产品说明。程燕写完后交给"笑脸大叔"帮自己把把关，"笑脸大叔"简单地看了一下说"很好，很好！"这时，"苦瓜大叔"则主动不识趣地拿过

> 不要憎恨那些给你意见和建议的人，而真正值得你痛恨的人是那些明知你的不足，却不告诉你，等着看你出洋相的人。

每天对着你笑的人,不一定是对你好的人,那些对你严格、苛刻的人或许是你的恩人。当你经历一些磨难,获得成功,回首时就会明白这一点。

去看，足足半个小时后，给程燕泼了一瓢冷水"这是什么东西？大学毕业就写出这个水平？这些数据核对过吗？产品的功效难道只有这几点吗？"程燕被伤了自尊。

程燕把文件交给了领导。没想到领导看后居然跟"苦瓜大叔"的反应一模一样，要求程燕重写。程燕走出领导办公室，正好遇到"笑脸大叔"，他依然满脸堆笑，"我觉得已经写得很好了！"这时程燕看他的笑脸，觉得怪怪的。

生活中，对你笑的人不一定是对你好的人。有时候很多人的微笑只停留在表面，像故事中的"笑脸大叔"，虽然对程燕时刻笑脸相迎，但只是逢场作戏；而那个"苦瓜大叔"则中肯地批评程燕，实际上是对程燕工作的负责。

一般情况下，我们听到别人的负面评价马上会对人产生反感。其实不妨听听对方到底说得是否在理。他所说的是否真的是你欠缺的，你需要注意的。人都有一个共性，就是爱听好话，奉承自己的话，怎么都听不够。

"哎哟，你的皮肤真好！"——"你的鱼尾纹都出来了，该好好保养了！"

"没关系，大家都没有看书，你好好玩吧！"——"你太幼稚了，该多看看书。"

"你男朋友真可气，怎么能这么对待你呢！"——"你也有不对的地方，需要好好检讨一下自己！"

前面的话固然听起来让人心情愉悦却有可能是虚假的，但后面的话虽然听起来很扫兴却是真实的，该我们理性接受的。

一般情况下，当听到一些逆耳的话时，人们有三种反应。

第一种是抵触，内心非常不服气，心想"你凭什么说我，你自己做得又怎样呢？"在这种思想的指导下会滋生仇恨的种子，造成心灵的变态，甚至疯狂地报复。

第二种是，听之任之，你说什么都跟我没关系。我高兴的时候就装装样子来听，不高兴的时候就抛诸脑后，虽然没有明显的抵触，但是也影响不了我的心情。

第三种是，取其精华去其糟粕。觉得别人说得对的地方就改正，觉得别人说得不对的地方就不去理会。

有第三种反应的人，一般都是内心比较强大的人，他们的思想境界达到了一定的高度。所谓海纳百川，有容乃大。你只有放低自己的姿态，别人才可能给你提一些建设性的意见，你也才可能更好的完善自己。

夸奖的话，我们都愿意听，但批评的话常常让我们感到厌烦和沮丧。西方谚语说："恭维是盖着鲜花的深渊，批评是防止你跌倒的拐杖。"一个人要想取得进步就需要不断地发现自己的不足，然后改善自己，提高自己。

别人的批评是对你难得的总结，同时也是他人根据自己的经验给你提供的变相帮助。你向人请教时，是你主动请求帮助；而他人批评你时，是别人主动给你帮助。你应该接受，并且心存感激。

有时别人的批评不是对我们个人本身的不满，而是对我们做事或是做人态度的不满，他们的批评是对我们做事的建议，并不是无中生有的挑剔。不要憎恨那些给你意见和建议的人，而真正值得你痛恨的人是那些明知你的不足，却不告诉你，等着看你出洋相的人。

向"纯爷们儿"们学习

坐在小区林荫道的石凳上,听到一个女人骂丈夫:"叫你早点决定,你非要拖拖拉拉,现在倒好,拿着钱也买不到合适的房子了,做事就像个'娘们儿'。"

听了一会儿,大致是他们想买房,到处看了很多的楼盘,包括二手房。其中有一套新房,妻子很满意,但是丈夫觉得房价有些高,所以两人一直没有出手。

后来,又看中了一套二手房,价格还可以,但是入住的话需要重新装修,丈夫又觉得太麻烦。于是,思前想后,做不出决定。

这个周末,丈夫终于拿定主意,打算出手,却没想到房子已经卖出去了。女人终于开始对着丈夫发飙。

人们在说"爷们儿"的时候,总是充满了豪情,而这个词也总是与勇敢、顶天立地相提并论;与之相比,"娘们儿"这个词就充满了对女性的蔑视,客观来说,说到"娘们儿"这个词,人们马上会联想到很多不好的词,比如犹豫不决、拖拖拉

男人们做事常常直奔主题,而女人们做事总是畏首畏尾。在这一点上,女人确实要向男人们学习。没有魄力的女人扭扭捏捏的,甚至连说话都会脸红,很容易被人欺负。但是有了魄力,那么就会使你在做事时十分有自信,并且每个团队里都需要这样的一个人。

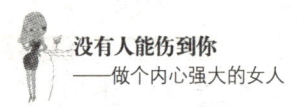

拉、没有主见等等。我觉得最能代表这个词的就是做事缺乏魄力。

男人们做事常常直奔主题，而女人们做事总是畏首畏尾。在这一点上，女人确实要向男人们学习。没有魄力的女人扭扭捏捏的，甚至连说话都会脸红，很容易被人欺负。要是有了魄力，那么就会使你在做事时十分有自信，并且每个团队里都需要这样的一个人。

高洋原是机关的女干部，端着铁饭碗，日子过得四平八稳，没料机构改革合并裁员时她被"优化"掉了。四十多岁的她年富力强，但不甘坐在家里等着退休。所以，她每天在家琢磨着要做点什么。

终于，她发现卫生纸的市场经久不衰，于是，她和最好的朋友说，想在郊区租一块地皮生产卫生纸。朋友听她这么说，眼睛瞪得巨大，问"你有经验吗？"她说经验是揣摩出来的。朋友又问"投资呢？"她说网上查过了，一台两吨的机器也就是二十万元。

朋友一听这么大数额，顿时惊出一身汗，接着问她拿得出来吗？她说可以贷款。二十万元毕竟不是个小数额，朋友为她捏了一把汗。

半年后，高洋请朋友参观她的工厂，她说刚刚生产，还在试运行阶段，高洋请朋友为她的产品取名。朋友说就叫"高洋牌"好了，不久"高洋牌"卫生纸果然上市了。

高洋走得顺不顺谁也没法预料，但她敢于迈出这一步的确需要胆量和魄力。我们身边也有不少女人不甘寂寞，她们也不想昏昏沉沉地度过人生，但她们缺乏的不是想法，是走出去的勇气。

我们常说某某人拿不起放不下，表面看好像是一种性格，实质上还是缺乏一定的胆量和魄力。谁都懂想做大的事情意味着承担风险，事业越大风险随之越大，没有风险的大事是不存在的。中国历史上，最有魄力的女人当属武则天了。虽然她采取了很多残忍的政治手腕，但是这些都围绕一个目标，建立自己的统治权。事实也证明了她统治期间国立很强盛。她排除异己，推行新政，光耀文史、抵抗外敌等，这其中每一样的推进都需要莫大的魄力，排除阻挠，甚至破釜沉舟。

魄力是个很好的词，它包含了主见、头脑、胆识、果断、干练等等。武则天所以如愿以偿做了皇帝，除了貌美和才华，最根本的原因就是做事有魄力，敢做别人不敢做的事情。她虽然是一个女人，却干着"爷们儿"的事情，所以从这一点来说，人们对她的评价更高。

很多女人惯于在重大问题的表决时退居后台，害怕承担责任，在次要问题的决策时又大权独揽，因为她们知道自身性格的缺陷就是凡事犹豫不决，觉得唯此才能把可能造成的损失最小化，其实这是不自信的表现。如果性格缺陷不能修补会影响到自己社会作用的正常发挥。在一切处于快节奏的今天，任何一个小小的失误都会酿成无可弥补的损失。

勇敢地面对自己的弱点

我跟女性同事们聊天，有时候聊起客户、合作者。聊起跟什么样的人合作最愉快，什么样的客户最痛快。她们几乎都认为和男人们打交道最爽快，而且她们也喜欢和异性客户打交道。

这一点我也非常赞成，我

女人要懂得适时地闭嘴。如果是别人亲自告诉你的，那你就要发扬一下地下党员的风格，打死也不说。人家相信你，把你当作知心朋友才会对你讲，你怎么可以通过你的嘴把别人的痛苦随便的散布出去呢？假如你是从其他人的嘴里听到了消息，最好的办法就是把这个消息嚼烂咽进肚里去，让小道消息在你这里彻底消灭。

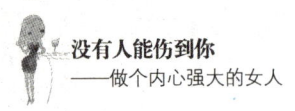
没有人能伤到你
——做个内心强大的女人

想这除了"异性效应"之外,更重要的一点是,男人做事大气,痛快,而女人们总是斤斤计较。

比如,我家买菜,基本上都固定在一个摊位上买。卖菜的是夫妻两人。虽然我家已经成了他们的VIP客户,但是他们夫妻二人的态度都不一样。

比如,每次买了白菜送两根小葱,男人总是一把抓,或让我看着拿,女人却是象征性地给点儿;结算的时候,男人会主动抹掉零头,女人则会再加点其他的菜,让我凑个整一起结算。有一次,我带的钱不够,欠了他们十元。再去的时候,还没开始挑菜,女人已经暗示我该还钱了,男人则白了女人一眼。

男人和女人处理事情的方式的确在很多方面不一样。男人在做事情之前会做好充分准备,一旦事情启动就不会随意改变,而且会非常专注地将事情做好。而女人们就不同了,患得患失,而瞻前顾后,善变。

所以,很多女人不喜欢跟女人打交道,而喜欢跟男人们合作。如果女人能够摒弃自身的缺点,学习男人们的优点,是不是会更受人喜欢呢?

纪伯伦说过,智慧的基础就是认识自己。自信的女人不害怕面对自己的弱点,不自信的女人则会让弱点束缚住手脚。相信我们还有许多的潜力可挖。

遇事要会自己思考。

女人是感性的,大多都缺少理性的思考,遇事时,往往先看看大家是什么观点,往往容易产生"认同感"。大多数的女人都有一种"羊群心理"。羊的视力非常差,只能看到近处的东西,远一点的事物它看不清楚,就只好跟着前面的那只羊走,而前面的那只又会跟着它前面的那只走,结果,整群羊都会走向同一方向。

经济上不要过于吝啬。

女人在金钱上没有必要攥得那么紧。不该花的不花,该花的也要花。有的女人小气成性,从节约金钱中获得满足感。我认识一个老乡阿姨,为人非常节俭,能走路就不会轻易坐公交车,有别人送的衣服可穿就不会轻易买衣服穿。按道理说这个优良品质很好，可是跟别人在一起时，能别人埋单，她不会轻易掏钱；能吃别人的，她不会吃自己的。钱一旦到她手上就算是走到头，不会再流动了。久而久之，老乡聚会再也没人邀请她了。

不过还有一种人，对别人很大方，可是对自己却非常吝啬。我的母亲就是这样一种人。谁家有困难，她眼睛不眨就能把自己多年的积蓄借出去，有什么好的东西必定是先让给别人，而自己舍不得。很多时候为了把好吃的东西留给我，一直放到坏掉，最后懊悔，她舍不得先吃掉，哪怕再给我买。

控制自己的情绪。

女人天生是感性动物。受到挫折时，不会采取积极主动的态度去应付，反而只是责备自己、哭泣和抱怨。有一个女人因为家庭的矛盾四处给丈夫的同事的老婆们打电话，谈话内容大都涉及捕风捉影的不正当男女关系，指名道姓，却又没有事实依据。丈夫跟他解释后，她也认识到自己这样做不对，还是无法控制情绪，后来丈夫受不了她的折腾，坚决要离婚。离婚半年后，她才发现丈夫并没有和她的"情敌"有什么来往，这时开始后悔不已。

人都有愤怒的时候，区别只在于如何处理。不要让愤怒控制自己，在怒不可遏的时候，离开令自己愤怒的人和事，不要去想，不要去处理，待自己冷静下来之后，才以理性的方法去解决。

不要背后谈论别人。

俗话说"三个女人一台戏"，女人们在一起就喜欢东家长、西家短地拉家常，说着说着就开始议论谁家出了什么事，聊完了再进行一番评论。

女人要懂得适时地闭嘴。如果是别人亲自告诉你的，那你就要发扬一下地下党员的风格，打死也不说。人家相信你，把你当作知心朋友才会对你讲，你怎么可以通过你的嘴把别人的痛苦随便的散布出去呢？假如你是从其他人的嘴里听到了消息，最好的办法就是把这个消息嚼烂咽进肚里去，让小道消息在你这里彻底消灭。

不要让愤怒控制自己，在怒不可遏的时候，离开令自己愤怒的人和事，不要去想，不要去处理，待自己冷静下来之后，才以理性的方法去解决。

第 7 章

做一个有气场，会控场的女人

有气场是指有影响力，有凝聚力，有辐射面。这样的女人不会受别人左右，她们拥有生活主动权，不会被任何人或事轻易打倒。女人要形成自己的气场，还要会控场。

没有人能伤到你
——做个内心强大的女人

以平等或略高的姿态进场

> 女人开始就把会做饭，会织毛衣，会写文字的各项优点展现出来，男人开始可能会很欣赏，不过这个欣赏的过程总是有终结的。当他们习惯了你所有的优秀后，他们会去从别的女人身上寻找探险的刺激。所以，女人要懂得细水长流，慢慢地诱惑你的男人。

有一些天天做家务的女人，从开始的时候就一直是她在做，丈夫在旁边袖手旁观；而那些不做家务的女人，从两人相处的开始，她就不做家务。我经常对前者笑说"都是基础没有打好！"

谈恋爱的时候，很多女人都为了让对方看到自己的优秀，恨不得一下子把自己最好的一面在短时间内全部展现出来，于是，洗衣做饭大包大揽，慢慢的，男人在一边夸奖的时候，一边形成了习惯，到后来因为习惯了，所以也懒得夸奖了；还有一些女人在男人面前表现得很强势，她们懂得在进门之前就把规矩定好，虽然"我会做饭，但是结婚后我也不能天天做饭""打扫卫生的时候我们必须两人都参与，否则我不会做。"为了把女人迎娶进门，现在提出的要求当然都答应。结婚后两人就这么执行，很多事女人不主动做，男人就会被迫着去做，慢慢的形成了习惯。即使女人不做，男人也不会骂她懒。偶尔女人心血来潮做了一顿饭，或是把家里收拾干净了，男人还会夸她做事主动呢。

第7章
做一个有气场，会控场的女人

很多的事情，我们需要在习惯形成之前就建立规则。因为一旦习惯形成就很难改变了。

欣欣是家里的女神。家里的大小事情全部由丈夫搞定，她只负责买衣服，化妆，看书，偶尔进厨房挥动锅铲翻炒几下……每次她跟同学聚会，丈夫都打电话提醒她早点回家，要不就直接来接她回家。

同学们经常问她，到底是如何降住这么帅气的一个老公的，她总是说"习惯成自然"，恋爱之初，她就高姿态进入，一副"要么忍受我，要么放弃我"的姿态，慢慢的，"为女神服务"成了丈夫的习惯。

让丈夫对你的爱一点点的增加，要好过一点点的减少。而达到这种效果，最好的办法，第一，保持你的神秘，第二，不要一下子把自己的优点全部展现出来，第三，在事情进展之前要摆出自己的高姿态。

比如，在两人刚开始在一起的时候，最好不要把自己全部优点都展示出来，你要留一些给将来激情退却之后的平淡日子。

开始的时候，你不会做饭，他可能会对自己说，不会做就不会做吧，谁让我喜欢你呢。突然有一天，你做了一顿可口的饭菜，他会感到惊喜，"哇，原来我老婆还有这样的天赋呢！"

过几天，你又掏出几根毛衣针来，给他织了个简单的围脖，他会受宠若惊"现在会织毛衣的女人不多了，我老婆就是其中之一。"

再过几天，你拿出一张报纸，指给他看，这是我写的小小说。他再次瞪大眼睛看着你"原来你还是个才女呀！"就这样，过一段时间，给他一点惊喜，让他对你刮目相看。你就像一个宝藏一样，他想不停地探险，挖掘。他会对你充满期待。

与之相反，女人开始就把会做饭，会织毛衣，会写文字的各项优点展现出来，男人开始可能会很欣赏，不过这个欣赏的过程总是有终结的。当他们习惯了你所有的优秀后，他们会去从别的女人身上寻找探险的刺激。所以，女人要懂得细水长流，慢慢地诱惑你的男人。

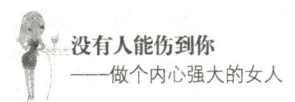

内心不稳就容易被人牵着走

外在的影响力越来越大。我们就很容易被人牵着鼻子走。

通常情况下,被人牵着鼻子走,有两种情况,一种是主动让人牵着走,这种情况大多是自己太在乎别人,心甘情愿地让别人为所欲为。女人天生喜欢幻想自己的王子,也一直在寻找这样的男人。在遇到这样的男人以后,很多女人百般珍惜,非常担心失去这梦寐以求的爱情,男人对她招之即来挥之即去,不知不觉中失去了自己。

另一种情况是被动牵着走。这种情况大多是自己太弱,不被牵着走不行,"人为刀俎,我为鱼肉"。有一些女人性格非常懦弱,做事没有主见,什么事情都依靠别人,别人说什么是什么。就是别人错了,她们也认了。这样的女人往往能吃苦耐劳,但是生活得很不好。

还有第三种情况,是我们很少想到的——被别人扰乱思绪,最终被自己的情绪牵着鼻子走。怎样才能做到不被人牵着鼻子走呢?

有时候你已经走在通往幸福的方向上了,但是在其他的岔路口会有很多的人和事引诱你、刺激你、威胁你、恳请你、哀求你……你要自己会辨别,并有很强的自制力,让自己坚定地走自己想要的那条道路。

第7章
做一个有气场，会控场的女人

小淮马上要和她的男朋友小晟结婚了，但她一直对小晟的前女友小露耿耿于怀。她很在乎他以前对小露的态度。据她了解，她的男友曾给小露送过一个名贵的包包，而他从来没给自己送过，现在送的虽然都是她喜欢的，但都是不值钱的；以前他们出去旅游他们总是住五星级的宾馆，可是现在他们出去游玩每次都住的小客栈，虽然也还浪漫，但是不大气。

为此，他们闹过一些别扭。以前小露和小晟分手，是因为小露是单亲家庭长大的，而且家庭条件不太好，小晟迫于家里的压力不得已跟她分手，为此小晟一直都有种愧疚感。现在小露跟他们不在一个城市，而且很少联系。但小淮还总是跟一个历史较劲。

在登记结婚之前的某天，小淮特地当着小晟的面给小露打电话，并有意炫耀地对她说，他以后就属于我了，我们要结婚了，你们以后还是少联系吧！

挂了电话，小淮马上对小晟说，我们结婚前给小露送个什么礼物吧。以后你们就完全没关系了。小晟分辩说："我跟她现在也没关系呀！"他哪知是小淮在试探自己，想了一会儿，然后还是很慎重地对小淮说"行！你说送点什么呢？"

就是这个"行"字，一下子点燃了小淮心中的怒火。小淮由此推断出小晟对小露还余情未了，不能把自己就此交给小晟。两人吵了一架，不欢而散。原来的婚期也推了。

小淮愤愤地走了，小晟在原地发呆。小晟后来把事情告诉我，问我到底是怎么一回事。他解释，"以前和前女友在一起时图的就是浪漫，并没有结婚的打算，所以一起玩都是有钱就花，现在遇到了她，想结婚了。我把所有的钱都给了她，由她支配。我想得比以前要多，马上要结婚，装修房子，然后生孩子都得花钱，每当想到这些，我花钱的时候都是能省一点是一点。我跟前女友都是以前的事，我不知道为什么她总要翻出来说。"

的确，小淮这样做很不妥。可能她自己在给小露打电话的时候，也没

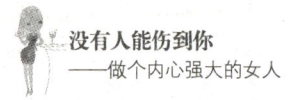

有想到自己会得到这样一个结果。事实是她自己都不知道自己想要什么，或是自己根本没想过怎样去控制事情发展的方向。

她本意是想作为一个胜利者好好地去刺激一下自己的假想情敌，可没想到最后却反过来被别人刺激了。她去挑战别人，反而被别人挑战。

她就像一个完全没有主见的小孩。小孩子经常会吵着妈妈"妈妈，我要那个红色的纸盒"，可是妈妈会对小孩说"这些东西都是别人的，不许碰"。小孩子就会闹得不可开交。

这时，妈妈总有一招，"快看，这个绿色的纸盒也很漂亮呢，拿去玩吧！"经过妈妈的一番形容和演示。小孩发现绿色纸盒真的很好玩。于是，就忘掉了红色的纸盒。

长大以后，经历过一些事，你会发现，红色纸盒和绿色纸盒并不一样。原本红色的是你想要的，可是经过他人的影响，稀里糊涂你就得到了绿色的。而这个红色变绿色的过程，自己完全是无意识的。只有当你最终打开了盒子，才懊悔自己不该轻易地受人影响而改变主意。

现实生活中，影响我们思维和心智的不再是你的妈妈，而可能是任何一个跟你有利益关系的熟人朋友，或陌生人。而两个盒子里装着的不再是玩具。红色的盒子里面可能装着的就是幸福，而绿色盒子装着的可能就是陷阱。

有时候你已经走在通往幸福的方向上了，但是在其他的岔路口会有很多的人和事引诱你、刺激你、威胁你、恳请你、哀求你……你要自己会辨别，并有很强的自制力，让自己坚定地走自己想要的那条道路。当然，前提是，你要非常清楚地知道自己该走哪条路。

第 7 章
做一个有气场，会控场的女人

有时候你已经走在通往幸福的方向上了，但是在其他的岔路口会有很多的人和事引诱你、刺激你、威胁你、恳请你、哀求你……

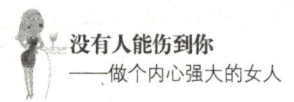

不要无原则地容忍

女人柔弱，男人阳刚，这是在人们心中根深蒂固的形象。有时候柔和弱两个字却不能相提并论。静可以制动，柔可以制刚。也就是说，一个柔的女人，未必是弱的。

有一个女孩大学毕业后，一直从事行政工作。一段时间后，她认为自己更适合做销售工作，于是就调到了公司的销售部。由于刚刚转过来，不了解产品的专业特性，也没有掌握一些销售技巧，自然她的业务成绩很不理想。而且，不知是销售部的同事瞧不起她，还是担心她抢了自己的饭碗，总是有些同事对她百般刁难，甚至在平时吃饭、聊天时有意无意地嘲讽她。

她知道自己是部门的新人，同事们个个都以资深员工的身份自居，对她有些排斥心理。因此她一直保持谦虚的态度，刻意忍让，不想把关系弄僵。她担心招惹是非，同事们可是成心要找麻烦。

一天，她接到一位客户的咨询电话。其中有几个问题不大清楚，就让同事小吴拿一份最新的产

"捏软柿子"是人性本能。我们不能怪别人，但是可以调整自己的态度。态度强硬了，别人自然不敢来捏你。

和谐的生活不是忍耐出来的！

品资料给她。小吴手边就放着大摞的资料，但她却说，"你想要，找经理去！我的资料是自己整理出来的，凭什么给你看！"周围随即响起了一片唏嘘。

她没想到小吴会大张旗鼓地给她难堪，脸色气得由青转白，是可忍孰不可忍。她深吸一口气，努力保持语调平稳对小吴说："现在客户有需求，如果本来能做成的单子'泡汤'了，这个责任由谁来承担？如果你不给我资料，我就去找总经理！"

说完，她拿出手机，拨通了号码，耳边马上传来老板特有的大嗓门。小吴看到她竟然来真的，立即抽出好几份资料递给她。她笑了，对着话筒说，"刘总，很抱歉！我想跟客户通话，不小心拨错号码了！"然后她向小吴挥了挥手，扬长而去。

从此以后，同事们都对她客客气气，再也没有谁敢当面给她难堪了。

"捏软柿子"是人性本能。我们不能怪别人，但是可以调整自己的态度。态度强硬了，别人自然不敢来捏你。

在生活中，如果你不喜欢与人争执，即使想分辩也努力隐忍，经常压抑负面情绪的话，天长日久，你的精神和健康势必会受到损害。人们常说"忍字心上一把刀"，的确，忍辱负重只会带来身心的双重煎熬。一旦忍无可忍，情绪爆发，就很容易酿成鱼死网破的可怕后果。

很多女人经常在公交车上遇到性骚扰的问题。漂亮的舒杨也经常遇到。坐公车简直成了她痛苦不堪的事。她试过很多办法，躲闪、下车或者大声质问，都不能很好的解决问题。直到有一次，因为车上人很多，她左躲右闪，那个男人还是跟着她，她气愤至极。

她本来是个一个内向胆小的女人，可那天她完全豁出去了。恰逢雨天她带着把雨伞，一边拿雨伞拼命打他，一边大叫"流氓！变态！"那个男人被吓得马上逃下车去。舒杨气得浑身发抖，但是看着那个人落荒而逃的样子，她感到自己顿时强大了。

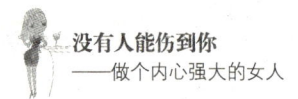
没有人能伤到你
——做个内心强大的女人

以后的一段时间她就一直带着把伞，不过，她的心中再没胆怯过，以后再遇到"危险"，她不再逃避，而是立即狠狠地盯住对方的眼睛。奇怪的是从那以后，她再没遇到骚扰，即使手中没有伞。她发现，逃避并不是很好的办法，自己要做的是眼睛告诉他"我可不是好惹的！"

给你难堪，或占你便宜的人无论是谁，多多少少都会存在一些欺软怕硬的心理。因此，当别人第一次对你做出过分的举动，说一些不得体的话时，可能对方也拿不准你会有什么反应，对这种无礼要求能否得逞并没有确切的把握。在很大程度上，对方只是在试探你，看看你会有什么回应。如果你马上予以反击，让他知道，你不是一个好欺负的人，他就会有所收敛；相反，如果你唯唯诺诺，无动于衷，他知道你是可以任意要弄的"软柿子"，就会得寸进尺，侵占你更多的权益和空间。

当你遭到别人的误解时，马上就大吵大闹或拼命强调自己的理由，只会让事情变得更糟。正确的做法是，等双方都冷静下来后，找一个合适的时间和地点，两人平心静气地坐下来，开诚布公地交流，把事情的来龙去脉理清楚。当双方有了更加客观、全面的认识时，误会往往就能解除了。

对他人适时的警告。即使你再善良，你的心地再宽广，你对他人再好，也不能保证所有人都能像你对他人一样对待你。生活中总有些人喜欢恶意诋毁、谩骂他人，对他人发起人身攻击。当你受到不公平待遇时，必须给予对方及时、有力的警告。"先礼后兵"，既能展现出女性自身的涵养和气度，也能打消对方的嚣张气焰和侥幸心理，让他不敢再胡言乱语、肆意妄为。

所谓"得饶人处且饶人，该出手时就出手"。无论是家庭暴力，还是职场性骚扰，当你遇到身心方面的双重侵害，警告和调解的手段都没有作用时，就必须马上诉诸法律途径。还要注意，提高保留证据的法律意识，收集好人证物证，进行电话录音，保留骚扰短信等等，这样才能更好地通过法律手段保护自己。

第7章
做一个有气场，会控场的女人

当你遇到挑衅和冒犯时，千万不要害怕，你不是弱者！要义正言辞地保护自己的权益，和谐的生活不是忍耐出来的！

不重要的事一笑了之

有些时候，出于不同的目的，一些人有意要使你当面出丑，比如，有一些喜欢和别人捣蛋的人，在公共场合，他们会突然跟你提起一些你讳莫如深的往事，有恃无恐地出你的丑，或是公开你的隐私，或是阔谈你干过的傻事和闹出的笑话，从而幸灾乐祸，以此取乐。

如果这时你生气了，他就会说："这只不过是跟你开开玩笑，你也太神经过敏、太缺乏幽默感了。"这种情况下你该怎么办呢？保持泰然自若，维护自己的自尊还是"文明"地给对方回击？但千万不要表现出惊慌失措的样子，否则就可能成了别人的笑料。

日本心理学家多湖辉说："人们在公开场合被羞辱，通常并不认为是开开玩笑，或者是微不足道的小事。当人的感情受到伤害时，我们中的大多数人会十分愤怒，表现为张口结舌或者满脸通红。但

网上曾有这样一个小段子，是说某剩男和某剩女聊天。剩男说："至少我能知道以后我的孩子姓什么，可是你就不同了，你的孩子姓什么还是未知数呢！"

此女不动声色地回敬："那倒是，不过我知道，我的孩子肯定是我的，你的孩子就未必了！"

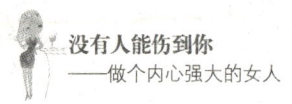
没有人能伤到你
——做个内心强大的女人

是我们可以有另一种比较聪明的解决办法,保持沉默,或者设法改变你的处境。"

因此,别花许多的时间为你受到的伤害而烦恼,不要冥思苦想这类"为什么这人要对我如此恶作剧"的问题。也许有些人是故意使你感到窘迫的,因为他们觉得你对他已造成威胁,或者是想惩罚你曾经做过对不起他的事;而另一些人是习惯于开这类玩笑的,他们毫不考虑别人是否受到伤害。对于这类人,没有必要去计较他是否是故意的。也完全没有必要去追究一个人的所作所为是否别有用心,相当可能的情况是他根本就没有意识到你会受到伤害。当你向他指出失礼的言行后,这位呆头呆脑的冒犯者通常会向你致歉。

有了这种认识后,心境就不会那样紧张激动,甚至和对方出现不必要的过激言辞。

当然,怎样摆脱窘迫的处境,要依情形而定。如果你的上司在你做事时三番五次地责备你,你可以心平气和地严正指出:"我们是否可以私下谈这个问题?"

同样地,伤害你的人若是你的丈夫或是男朋友,你可以说明你觉得多么尴尬、为难甚至是痛苦,远比以同样的方法去回击对方要好得多。如果这人继续不分场合地使你窘迫不堪,你可明确指出"我觉得以后很难再信赖你。"

不管怎样做,都要避免动怒,千万别发火。如果失去了泰然自若的态度,你只能使对方占上风,使别人对你产生不满情绪。再说,和那些修养极差或别有用心的人生气不值得。相当多的时候,最好的办法是靠急中生智和幽默感。

网上曾有这样一个小段子,是说某剩男和某剩女聊天。剩男说:"至少我能知道以后我的孩子姓什么,可是你就不同了,你的孩子姓什么还是未知数呢!"

此女不动声色地回敬："那倒是，不过我知道，我的孩子肯定是我的，你的孩子就未必了！"

在社会交往中，人们之间难免会发生一些冲撞、误会和矛盾，让你恼羞成怒。此时，制怒第一，思考第二。对于不重要的事情，你大可一笑了之。

常听一些女人说到自己的婆媳关系难以处理，卫虹却和婆婆的关系处理得非常好。别人都不知道她是怎么做到的，她的婆婆曾是村里的妇女主任，有名的麻辣女人。她的朋友问她到底有什么秘诀，她的回答就是"一笑了之"。

第一次，跟丈夫登门拜访公婆时，婆婆一见她，就当着众人的面说"怎么跟我一样，这么矮！"虽然听着不舒服，但这倒是个大实话，丈夫一米八的个头，卫虹才不到一米六。两人高矮差距太大了。没什么好生气的，笑笑就过了。后来丈夫还挺感动，说她大度。

婚后，婆婆经常不请自到。每次进门后都会习惯性地皱着眉头说："你看看，这像是过日子的人吗？地板不拖，杯子不叠，碗筷也不洗，真不知道我儿子看上了你什么！"

卫虹不好意思地笑笑，赶紧动手去收拾。她是家里的独生女，结婚前这些家务事她从来也没有做过，现在已经很不错了。虽然她心想"关你什么事？你儿子看中我是他的福气！"但是嘴上却没有半点顶撞。反正婆婆也不跟他们住在一起，她说什么自己听着就行了，没有必要把关系弄僵，现在把她当空气就好了。婆婆见她还算"老实"，数落了几句，也就回去了。

为人媳十几年来，卫虹"一笑了之"与婆婆相处，无论她说什么都不顶撞。婆婆对她的态度也没有以前那么"直白"了。

只要不是违背原则的事，你都可以不用太在意。别人要说什么，你让她去说好了。如果一动怒，事情就会朝着你无法控制的方向去发展。不是有那么一句话吗"上天要毁灭一个人，必先让他疯狂。"

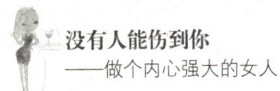

没有人能伤到你
——做个内心强大的女人

"反正婆婆也不跟我们住在一起,她说什么我听着就行了!"

第 7 章
做一个有气场，会控场的女人

小三为什么那么嚣张

几天前，莉莉接到一个莫名其妙的电话，电话中，一个女人恶狠狠地对她说："晚上回家看看你男朋友的脖子，上面的痕迹是我的杰作……"莉莉一下子就蒙了。凭她的直觉，肯定是男友的那个女网友。

莉莉和男友在一起快三年了，已经到了谈婚论嫁的阶段。可是，最近他迷上了三国杀，每天都在网上厮杀到很晚。有时候凌晨三四点还在激战，每次都有一个女网友陪着他。后来只要他一上线，那个女孩头像就会闪动。

莉莉在心里隐隐有些不舒服，但是又没什么可说的。每次旁敲侧击地问那个女孩都跟他聊了些什么，他都很坦诚地说，聊一些游戏中的事，还说是莉莉多心了。莉莉的自尊心很强，也不愿意自己在男朋友眼里是个小心眼的女人，所以她再也不过问这件事了。

有一次，莉莉发现自己的微博多了一个人关注她。这个"粉丝"似乎对她的事了如指掌，还故意向她"汇报"她男友的行踪。莉莉想，肯定又是那个女网友。女

> 对于小三，你要尽量保持稳定，遇事不乱才是你应有的心态，否则你开始就被小三打败了。你要做的不是勾起小三的挑战欲，或是跟她打擂台，而是用你淡定的气场镇住她，把她内心中愧疚心虚的"魔"逼出来，让她看到自己的渺小和罪恶，主动退出。不赌一时之气，懂得用迂回战术夺取最终的胜利。

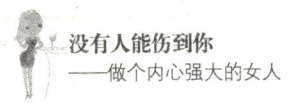
没有人能伤到你
——做个内心强大的女人

网友给她留言,"他脖子上的红还有吗?"

莉莉在微博上写道:"不自重的人请靠边站!"结果小三在微博上回复:"不要激动,很容易老的!"莉莉自语道"现在的小三怎么这么猖狂?"

以前的"第三者"都是被很含蓄地叫做"地下情人",见不得光,一切都是偷偷摸摸,就怕被人戳脊梁骨;而现在很多第三者却是招摇过市,恨不得向全天下人告白,自己做小三是多么荣耀的事。甚至有很多的女人觉得自己在做小三的过程中,女人魅力得到了很好的体现,一个男人围着她团团转,自己被他百般地宠着,爱着。真是很有优越感。

做正室的,反倒有些心慌气短。当然,小三如此嚣张,她们自认为是有心理优势的。首先她们年轻、漂亮、会撒娇;其次,两人的关系没有婚姻的束缚,他们在一起很放松。再次,这也和给他们机会的男人有很大的关系,小三的存在本身就迎合了男人们的成就感和征服欲。能拥有小三的男人,自诩是优秀的。承蒙自己年纪一大把,有妻有子的情况下,还有貌美如花的小姑娘看得上眼,对于他们来说,是很满足的事情。最后,随着社会开放度的增加,小三已经不再是新鲜产物,人们对小三见怪不怪的态度,让小三们也无所顾忌了。有一句戏谑话"世界上没有拆不散的夫妻,只有不努力的小三"。

小三的出现,迎合了男人,但是激怒了妻子们。有很多家庭的离异都是因为丈夫背叛的,第三者的介入,被伤害的妻子再努力也挽回不了丈夫的心,从而绝望地选择离婚。对于小三,她们恨到骨子里。

遇到背叛和掠夺,做到不吵不闹真的很难,但是吵闹只会让你做出过激行为,最终事情变得更糟糕。你完全没有必要因为他的错误而导致自己再犯一个错。一切都需要静下心来慎重思考,要在最坏的情况下做好的选择。

首先,你应该问问自己,面前的这个男人你是不是不爱了?你是不是豁出去不要这个家了?如果答案都是否定的,或是暂时得不出答案,都说明你更应该冷静地面对问题。一般情况下,当小三出现时,男人们都会有一种愧疚心理，如果你一哭二闹三上吊，他们的这种心理反而得到了解脱。最终他们会把所有的错误归在你身上。每个小三都喜欢泼妇般的正妻，粗野对抗优雅，男人又不是傻子，你表现得越强悍，他越认为小三楚楚可怜。

对于小三，你要尽量保持稳定，遇事不乱才是你应有的心态，否则你开始就被小三打败了。你要做的不是勾起小三的挑战欲，或是跟她打擂台，而是用你淡定的气场镇住她，把她内心中愧疚心虚的"魔"逼出来，让她看到自己的渺小和罪恶，主动退出。不赌一时之气，懂得用迂回战术夺取最终的胜利。

虹虹是个知性美女，工作优秀，但是她的红颜知己却是一个有妇之夫。让她感到满足的是，这个男人就喜欢跟她在一起，可以跟她整晚聊天，而他跟老婆在一起有时候一天都没有话说。他说，他会离了婚娶她，但迟迟没有动静。

有一天，男人告诉她，他的妻子已经知道了他们的关系，他说"这段时间她肯定会找你来大吵大闹，你要坚强！"听到这话，虹虹暗自高兴，事情挑明了反倒能逼着他尽快做出决定。所以，她不怕他的妻子打上门来。

然而，一晃两个月过去了，风平浪静，他的老婆不仅没有过来吵闹，而且连他来的次数也越来越少了。她打电话过去问情况，男人回答说："我老婆最近特别忙，单位想要好好栽培她给她升职，现在是关键期。现在家里的老人和孩子没有人照顾。以前都是她照顾父母，接送孩子，现在这些活都得我来做。周末也没空了，你得体谅我！"

虽然他这么说，但虹虹心里明白：自己跟他大概是没戏了，但是她怎么也想不明白，一个女人，在丈夫有出轨倾向的时候，怎么还能把心思都用在自己的工作上。

其实，这正是这个妻子的精明之处。爱他，就给他一点空间，帮助他解决他和小三之间的问题，必要的时候懂得装聋作哑。

你不爱我，我为什么爱你

分手已经两个月了，在这期间，女孩无时无刻地不想念着这个花心又负心的男孩。她真的很爱他，甚至为他自杀过。

都说"恋爱中的女人是傻瓜"，她很清楚自己真的是傻瓜，明知道自己是飞蛾扑火，她还是义无反顾。

为了他，她常常在凌晨两点时，从床上爬起来揉着惺忪的眼睛为他做宵夜；在凌晨五点起床，跑几条街就为了买他最爱吃的那一家的油条豆浆；她自己只穿几十块钱的衣服，给他买的却全是名牌衣物。

她为了他，放弃了很多人梦寐以求的公务员工作，而选择了跟他生活在同一个地区。她说工作可以再找，但是她爱的人只有他。

女孩知道，男孩是不爱她的，她希望有一天会感动男孩，让他改变对自己的态度。可是，不爱就是不爱。直到男孩找到他爱的人之后，选择了跟她分手。此时的女孩痛不欲生，苦苦地纠缠男孩，希望他改变主意。到最后，连她仅剩的一点尊严都被他践踏了，她没有办法活下去，吃了很

大多数感情容易受伤的女人的思维是这样的：你不爱我，可我就是爱你！所以，她们受伤是咎由自取。那些懂得保护自己的女人往往有这样的心态：你不爱我，我为什么爱你？所以她们不会轻易受伤。

多的药片……

大多数感情容易受伤的女人的思维是这样的：你不爱我，可我就是爱你！所以，她们受伤是咎由自取。那些懂得保护自己的女人往往有这样的心态：你不爱我，我为什么爱你？所以她们不会轻易受伤。

在感情世界里，投入越多的一方，往往处于被动状态，也越容易受伤。我们经常看到这样的情景：某女疯狂地爱上了某男，可此男就是对此女不理不睬，他越是冷落她，她越是对他情有独钟。突然一天，此男对此女说了一句好听的话，或是给了她一个笑脸。此女就感动不已。

在心理学上，有一种称之为"斯德哥尔摩综合征"的疾病。这种病的症状是，患者对于压迫残害自己的人不但不抗拒，反而会产生敬仰、欣赏或者依赖的情绪。

20世纪70年代，两名有前科的罪犯在企图抢劫瑞典首都斯德哥尔摩市内最大的一家银行失败后，挟持了四位银行职员，在警方与歹徒僵持了130个小时之后，最后以歹徒放弃而结束。

然而，这起事件发生后几个月，这四名遭受挟持的银行职员，仍然对绑架他们的人显露出怜悯的情感，他们拒绝在法院指控这些绑匪，甚至还为他们筹措法律辩护的资金，他们都表明并不痛恨歹徒，并表达他们对歹徒非但没有伤害他们却对他们照顾的感激，并对警察采取敌对态度。更甚者，人质中一名女职员竟然还爱上劫匪中的一个，并与他在服刑期间订婚。

人质为什么到最后反而要帮助歹徒呢？人性能承受的恐惧有一条脆弱的底线。当人遇上了一个凶狂的杀手，杀手不讲理，随时要取他的命，人质就会把生命权渐渐付托给这个凶徒。时间拖久了，人质吃一口饭、喝一口水，每一呼吸，他自己都会觉得是恐怖分子对他的宽忍和慈悲。

在爱情中很容易出现一个现象，就是往往你最依恋，最忘不了的人往往是伤害自己最深的，对你的感情践踏得最狠的人。其实这绝对不是说明那个人最好，而是你患了爱情"斯德哥尔摩综合征"了。

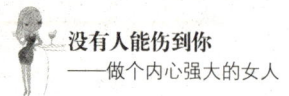

没有人能伤到你
——做个内心强大的女人

拒绝受伤最好的办法就是,"我爱你,但我更爱我自己!"

拒绝受伤最好的办法就是，"我爱你，但我更爱我自己！"你可以疯狂地迷恋某人，但是你必须加倍地爱自己。先把自己照顾好，再去照顾别人；不要为了爱对方，而迷失了自己。你只有先学会了爱自己，才能更好地爱别人，也才能更智慧地爱别人。

无法强攻就要智取

如果你是一个手无缚鸡之力的女子，被一个粗壮男人劫持，要逃出去，你会怎么做？当然不能强攻，只能智取！

菲菲逛完街后，打算坐公交车回家。当时下着小雨，她提着两个包，一手撑伞，加之天色已晚，她没有注意到自己已经被人盯上。

走到离站台不足5米的时候，突然间，一只胳膊勒住了她的脖子，同时，一把刀顶住她的后背。她本能地回头一看，发现一名陌生男子正恶狠狠地瞪着她。

这个凶巴巴的男人是某个犯罪团伙的成员，他们专挑单身女性进行抢劫、抢夺。菲菲试图挣扎，男人便将刀用力往前一顶，厉声对她说："走！"

短暂的慌张后，菲菲冷静下来后说："你要什

> 很多人在做坏事的时候，也是他们自身不断做心理斗争的时候，因为他们也不想这么做，只是出于无奈，只是他的内心有一个恶魔逼着他去这样做。这个时候，如果我们能不动生色地帮助他把恶魔驱走，他也会从善。

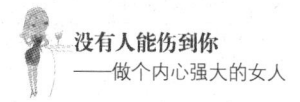

么？我全给你。"男人没吭声，将她往公路旁的绿化带拖。

公交站台上有几个人在等车，全都冷眼旁观，没有人出来阻止，看来只能靠自己了。她打开包，将120多元现金拿出来递给男人说："我把钱全都给你。"对方接过钱，又从她的手中夺过手机。

"值钱的东西都给了你，可以放我走了吗？"菲菲小心地问。对方回答："不用担心，会放你走的。"虽然嘴上这样说，却没有让她走的意思，并用刀胁迫她往人烟罕至的一个河道走去。

想到往常在报纸、电视上看到的抢劫、强奸案，菲菲不寒而栗。思绪在她的脑海中飞速转动，"该怎么办呢？"

她开始主动和对方聊天："大哥，看你也不像坏人，其实你长得和我的一个哥哥有些相像。"对方并不搭理她。

"你年纪不大，在上学吧？我也还在念书。对了，你有女朋友吗？"菲菲不停地问。

"你多大呢？"对方终于开口。

"22岁"，菲菲下意识地撒了谎，其实她还不到二十岁。

"比我女朋友大一岁。"提起女朋友，对方开始有了说不完的话。"我女朋友现在在广州打工，等我挣了钱，我要去找她，和她结婚。"

"那你现在凑了多少钱？"

"只有400元"。接着，对方还告诉她，他有两个"大哥"，每天要向他们上交2000多元，数额不足就会挨打。"抢来的钱差不多都被他们拿去了。"

"这样的话，你找机会跑啊！"菲菲假装关切地说。

"他们时刻都盯着我——现在他们都在桥上站着。"菲菲回头一看，果然发现有两名男子正盯着他们。

"你还是赶紧去找你女朋友吧，她肯定很担心你。要不你留个联系方式给我，我帮你想想办法。""你要帮我的话，就别把今天的事说出

第 7 章
做一个有气场，会控场的女人

去。"对方的良知被菲菲说动了，他回答道。

"放心吧，我不会报警的。"聊着聊着，时间已经过去了近2个小时。期间，男人一直用手抓住菲菲的肩膀，并用刀顶住她的腰部。

菲菲再次请求对方将她放走。"我也不忍心伤害你"，对方说，"大哥让我把你弄去卖了，现在放你走，他们饶不了我。不过，我来想办法。"

听到对方的话，她稍微缓了口气。之后，对方让菲菲躲进公厕，自己想办法去把"大哥"引开。

终于能有机会脱离魔爪，菲菲忍不住兴奋。公厕里有两个女孩，菲菲借了她们的电话报警，最后把这些坏人都抓住了。

我想，每个女人，无论她内心多么强大，遇到这样的情况都会不知道如何应对。遭遇抢劫和挟持的时候，菲菲做得很理智。她知道对方之所以抢劫，是因为经济条件有限，或者与自身所处的环境有关。于是，她抓住这一点冷静地与其周旋，用善意的语言感化他，鼓励他通过合法的手段谋生，同时寻找机会报警或向周围人群求助。

很多坏人起初的本意可能并不想伤害你，只不过我们的激烈反抗制造了一种更紧张的气氛，他们本来就心虚，你越是强硬地对抗，越会给他们造成心理压力，最终导致犯罪。在犯罪心理学上有一个词叫做"激情犯罪"，是指当事人在某种外界因素刺激下因心理失衡、情绪失控而产生的犯罪行为。就是说他的本意并不想得到这样的结果，但受害人的反应刺激到了他，让他情绪失控，一时冲动酿成大错。

另外，很多人在做坏事的时候，也是他们自身不断做心理斗争的时候，因为他们也不想这么做，只是出于无奈，只是他的内心有一个恶魔逼着他去这样做。这个时候，如果我们能不动声色地帮助他把恶魔驱走，他也会从善。

女孩打开门时，发现一个持刀的男人正恶狠狠地盯着自己。她灵机一

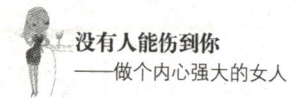

动,微笑着说:"朋友,你真会开玩笑!是推销菜刀吧?我喜欢,家里正好缺一把。"她边说边让男人进屋,接着又说:"你很像我过去一位好心的邻居,看到你真的很高兴,你想要咖啡还是绿茶?"这时,本来面带杀气的歹徒慢慢地变得腼腆起来。他有点结巴地说:"谢谢,哦,谢谢!"

最后,女孩真的买下了那把明晃晃的菜刀。陌生的男人拿着钱,稍微迟疑一下,就转身走了。在离去的时候,他说:"小姐,你将改变我的一生!"

面对突然到来的险境时,我们顿时头脑中一片空白,甚至直接就瘫软倒地。如果真的倒下去了,那可能再也起不来了。不如用你的智慧帮你脱离险境。遇事要冷静思考、临危不惧,并不是说做事可以犹犹豫豫,毫不果断。遇事冷静只是做事前的充分准备,而且冷静需要的时间并不长,可能只是几分钟或几秒钟的时间,但这短短的几分钟或几秒钟足以改变你的命运。

第8章
内心强大的素质训练

有一句话叫做"百炼成钢"。经历的事情多了,自然就会临危不乱。多磨练,心会越磨越坚强。平时生活中,多磨练自己的内心,让其不断强大!

没有人能伤到你
——做个内心强大的女人

有决心改变那些可以改变的事

如果你很想做一件事情,却不敢站出来,也不表露自己的意愿,最终肯定是"无可奈何花落去,一江春水向东流",落得自怨自艾的结局。如果你不勇敢地走出自己设置的心理障碍,不主动地展示自己,那么你真没有成功的机会。

女人仿佛天生就是需要保护的对象,心甘情愿地扮演"胆小鬼"的角色。很多女人看到蟑螂、老鼠等都会吓得大声尖叫。她们的胆小也体现了她们的可爱,能激起男人的保护欲。但是当只有一个人的时候,除了让自己变得胆大,变得内心更强大去积极应对外,没有更好的办法。

无论是机遇和挑战并存的职场,还是在平平淡淡的日常生活中,我们都会看到一些很奇怪的现象:有些自身素质很高、秀外慧中、多才多艺的女人,常常被能力、修养、样貌都远远不如她们的女人打败。然而,当我们仔细分析其中的原因,却又不难发现:很多能力不错的女人不能正视自己的能力,凡事表现得矜持稳重,她们不敢随意跳出自己设置的圈子,以免出了差错,损害自身颜面,还引来别人嘲笑。

胆小的女人,内心"脆弱无能",经常对生活采取投降、放弃态度,这也让她们愈发觉得自己的不济和薄命。相反,那些"无知者无畏"的女人却想,反正自己确实不懂,也不是远近驰名的美女佳人,即使出现失误,就当是人生的一次宝贵经历,或者免费做了一次即兴表演。她们想得到,也做得到,大胆地争取自己想要的生活。

大胆展现自己,勇于追求人生梦想,已经逐渐成为现代女性的主流思想。很多女人都懂得人生在世,首先要取悦自己,爱惜自己,更要知道如何经营自己。

在我很小的时候就晕车。毫不夸张地说,在我七八岁的时候,有一次父母租了一辆吉普车要去看望爷爷奶奶,当时我在隔着一百多米远的地方看到这辆车,就已经吐了一地。那个时候的车汽油味很浓。只要是坐车,下车的时候我必然是晕晕乎乎,吐得不省人事。我童年生活中,最痛苦的一件事可能就是坐车了。

后来我在外地上学,坐车的机会慢慢增多。坐大巴车从家里到学校,坐公交车到城里逛街,现在的车也不像以前充满汽油味,所以我晕车的情况也得到了改观,但还是经常很不舒服,偶尔也会呕吐。

我从来没想过我会开车。当初学车也是为了多一个本领,跟上时代的需求。在我学车的时候,由于心理上充满了恐惧感,学习时间不足,加上自己紧张胆小。对路考很没有把握。朋友们总是给我打气"没关系,你那么聪明,一定会通过的!""考官就在你旁边,你怕什么呢,大胆地开吧!"

第一次考试,我还是没有通过,我的恐惧心理在作祟。考试的时候路上行车比较多,看到来往的车辆,特别是那种大货车,心里就发慌,生怕自己被撞,或是撞了别人。所以打灯后很久没有并线。

补考约的是一个星期以后。我想,内心的恐惧感不消除,就会导致不能正常发挥,再考试还会遇到同样的问题。家人问我,补考有信心吗?没有!

怎么办呢?我必须正视自己的脆弱,我必须通过。因此,我特地抽了一整天的时间来练车。我强迫自己把它当成一件非常重要的事来对待，一定要战胜它。

通过一天的集中训练，我终于很熟练地在路上行车了。开始上车时双臂硬邦邦地架起来，双手紧紧地握着方向盘，每次右手换挡左手也会跟着使劲带动方向盘，导致车在路上蛇行。到天黑的时候，我就像一个老司机一样，已经能很淡定从容地进行一系列操作。什么时候减速，什么时候加挡，什么时候停车，一切都驾轻就熟。

考试的时候，完全没有紧张感。因为我知道，这次我过定了！最终我表现得非常完美。甚至觉得这个考试太没有挑战性了。

以前那些见过我坐车遭罪过程的亲戚朋友们，绝对想不到我会有自己开车的一天。这件事让我认识到，生活中很多事情都是可以改变的，关键是我们是否有改变它的勇气和决心。所以，在生活和工作中，我们要善于抓住机会多尝试，不要辜负了自己的能力。

如果你很想做一件事情，却不敢站出来，也不表露自己的意愿，最终肯定是"无可奈何花落去，一江春水向东流"，落得自怨自艾的结局。如果你不勇敢地走出自己设置的心理障碍，不主动地展示自己，那么你真没有成功的机会。

你要随时告诉自己：我有实力和优势，我的人品和操守足以让人信赖；我有专业能力和无限的潜力，我是最棒的！你必须有自信心，对认准的目标有大无畏的气概，怀着必胜的决心，主动积极地争取。

不要害怕结果如何，谁也不能保证做一件事的时候最终就能得到完美的结果。如果你过于计较事情的结果，就无法享受过程中的乐趣，而且很容易产生患得患失的畏惧心理，以至于犹疑徘徊，裹足不前。

有恒心去完成那些看似无望的事

对于那些有把握的事,你常常跃跃欲试,因为你自己能够预料到结果;但是如果看不到结果的事情需要去处理,你是否还会有强大的内心支持自己去完成呢?你是否认为一些"不可能发生"的事情,就不值得你去做,或是没有信心去做呢?

在上学的时候,我们解题时常常用的计算办法是假设法。先假设出一个结论,然后用自己的逻辑加上相关的定理去证明这个假设的正确性。最后解出答案。

其实,当我们无法预知未来的时候,我们可以假设未来的结果是理想的,然后用自己的行为去证明这个结论。无论结论如何,至少在这个过程中,我们是生活在希望之中。

暴走妈妈陈玉蓉是2009年"感动中国"十大人物之一。55岁时的她患有重度脂肪肝,然而为了割肝拯救患有先天性肝脏功能不全疾病的儿子,她风雨无阻每天暴走10千米。

每天10千米路,每餐半个拳头大的米饭团,

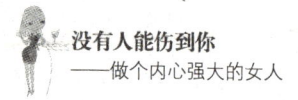
没有人能伤到你
——做个内心强大的女人

常人难以想象需要怎样的毅力才能坚持。有时她也感觉看不到尽头，想放弃。但她坚信：只要自己多走一步路、少吃一口饭，离救儿子的那天就会近一点。

7个月时间的暴走，令陈玉蓉的体重由66千克减至60千克，脂肪肝神奇地消失了，连从医几十年的医生也吃惊不小，医生说，还没有见过一个病人能在短短7个月内消除脂肪肝，更何况还是重度。没有坚定的信念和非凡的毅力，肯定做不到！

这就是个奇迹，这是一场命运的马拉松。陈玉蓉忍住饥饿和疲倦不敢停住脚步。上苍用疾病考验人类的亲情，她就舍出血肉，付出艰辛，守住信心。她是母亲，她一定要赢，她的脚步为人们丈量出一份伟大的亲情。她用行为阐释了母爱齐天，也让她得到了"暴走妈妈"的称号。

世界上没有什么事是不可能的。谁也没有想到陈玉蓉的重度脂肪肝会在短短的7个月时间内消失，谁也没想到重病的她还能够帮助濒临死亡的儿子，但是她做到了。因为在她心里，这个结果是她开始就假设成立的，所以她一直在用自己的行为证明这个假设。

在她证明结果的过程中，"努力+恒心=改变"是一个非常重要，不可忽视的定理。如果没有风雨无阻的暴走，这个假设肯定就是不成立的。恒心其实就是一个量的积累，当积累到一定的程度，会有一个质地飞跃。有这样一个故事：弟子问师父："怎样创造奇迹？"师父答："你现在为我烧饭，一会儿再告诉你。"饭熟后师父说："你开始做饭的时候，是生米，你不断地添柴加火，就将生米煮成了熟饭，这不是一个奇迹吗？"弟子恍然大悟。

当事情愈来愈困难的时候，大多数人都会选择放手离开，只有意志坚定的人，除非胜利，绝不肯轻言放弃。生活中那些看似无望的事情，只要你认真去做，努力做，坚持做，奇迹自然而生。

人们常说"有志者事竟成"。这世上没有绝对的不可能，倒是有出人意料的奇迹。坚持其实就是一个量的积累,所谓"水滴石穿,绳锯木断",并非水滴有穿透石头的强劲,绳子有锯断木头的韧劲,而是形容它们都在不断的努力,都有着持之以恒的耐心和决心。

有信心去面对那些悲伤的往事

我们每个人的现在都是由一段段的历史构成,谁都不能抛掉过去而独自前进。当我们静下来的时候,常常会回忆自己的个人历史。这段历史有可能平平淡淡,有可能有一段辉煌,也有可能有一段不能释怀的惨痛经历。

不管是辉煌的,抑或是平淡的,还是惨痛的,它们对人的影响都不能简单的用好或者坏来衡量,要看你如何去面对这一切。

一段辉煌的过去会给你带来无比的自信,而那些惨痛的经历却可能让你从此陷入一个无底的深渊。

痛苦的回忆,失败的经历,让你脆弱的灵魂备受煎熬。走出煎熬唯一的办法,就是跟它们彻底的"一刀两断"。时间会协助你做到这一点。如果你不刻意的去想这些,你会在岁月的流逝中忘掉这些。

我们很有必要对头脑中储存的东西,给予及时

> 痛苦的回忆,失败的经历,让你脆弱的灵魂备受煎熬。走出煎熬唯一的办法,就是跟它们彻底的"一刀两断"。时间会协助你做到这一点。

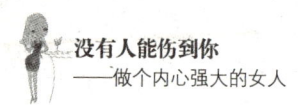

的清理,把该保留的保留下来,把不该保留的删除掉。那些带给你诸多不利的因素,实在没有必要过了若干年后还让它继续困扰着你,榨取你更多的活力,浪费你更多的时间,破坏你更多的幸福了。

有一个女人,嫁给了一个不懂得哄她开心的丈夫。两人的性格、习惯以及处世方式有很大的不同,而彼此都不相让,婚后天天吵架。当然,大多数的矛盾是由丈夫引起的,因而这个女人觉得自己很委屈。于是,就把丈夫的"罪行"、自己当时的感受用日记本记载了下来。

几年下来,女人已经记满了三本日记。每次心情不好的时候,她都会不由自主地拿出日记本来看,越看越伤心,越伤心越觉得自己委屈,丈夫无理。

某一天……丈夫数落过她是个"不会过日子的女人";

某一天……丈夫气急败坏地让她"马上滚出屋子!"

某一天……丈夫居然抡起手来打了她一巴掌!

这些,每次回忆起来都历历在目,让她义愤填膺。后来,她经常为几年前的矛盾,跟丈夫吵闹,而丈夫早已将这些小事忘得一干二净,有时候觉得她莫名其妙。

这个女人显然生活得不快乐。她的不快乐是因为面对一些不开心的事,她刻意地记载了下来,而且动辄翻看。这是一种刻意的强化记忆。迫使自己不断地对过去的那些伤心事件加强印象。这样,这些伤心往事占领了她的整个记忆空间,容不得她去记录一些开心的事情。

相反,这些不开心的事,如果她选择遗忘,而不是记忆,那么她可能会感到更加快乐。

选择性遗忘是我们自我防御的一种方式,在人的潜意识里会把那些最能给自己伤痛的记忆忘掉。心理学家弗洛伊德认为,人在遇到外在恼人的事情的时候,或内在心理冲突的时候,他们无法接受,便会借助一种特殊的精神力量(精神分析上叫潜抑制作用)将它们驱赶到潜意识领域,而无法被心灵意识唤起,这就对人形成一种保护作用,使他们可以不必回忆那些无法接受的精神内涵而产生悲痛。

如果这个女人不刻意地去记录她的"遭遇",不太看重自己的个人感受,又或者多回忆一些生活中快乐的事情,她的这些不愉快的事情可能已经被自然遗忘了。她不快乐的主要因素是因为她选择把和丈夫的矛盾记录下来;而把自己和丈夫的甜蜜遗忘了。

如果她改变一下思路,忘记丈夫曾经骂过自己,而且还打过自己的不愉快经历,总是记着丈夫无数次拉着自己过马路,跟丈夫到西藏旅游的快乐时光,她的心里可能就是另一个明亮的世界。

在我的梳妆台的抽屉里,有一个很精美的小本子,里面全部记录的是家人发生的一些温馨场面,比如,我和先生之间的某个搞笑的片段啦,谁又发生了一件让人发笑的糗事啦,谁的口误又闹了个什么笑话啦等等。有时候一个人傻傻地笑,有时候跟先生一起重温会话场景。每每翻看一页,都笑得合不拢嘴,觉得十分温馨。

当然,有时候跟先生闹了矛盾,无人倾诉的时候,我也很有把那些不愉快的事情记录下来的冲动,而且以前也记过几次,每次写下来,就是一次发泄,心情感觉舒服多了,但后来我发现那些记录有时候带给我一些消极的影响。于是,就撕掉了。撕掉之后,有些事情就慢慢淡忘了。

如果你经常找日记本倾诉,一定要记得:不要把已经发生的悲惨遭遇留到未来,变成自己的负担。

你应该形成这样一种习惯,不要让你的思维和头绪暗示你想起令你感到厌烦的事物和一些苦涩的回忆,不要让它对你产生不好的影响。从自己的头脑中抹去一些糟糕的和不幸的事情,留下那些开心的事情,让自己常回味。

人们经常把"好了伤疤忘了痛"当作一个负面的语句,而实际上,它只是告诉人们记住失败带给我们的经验和教训,并不是让我们记住失败本

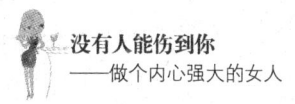

身。对于那些曾经遭遇打击和挫折的人来说,就要忘记过去的不幸。

别人的错可以原谅,不开心的过去要懂得屏蔽。否则,所有的痛苦只有折磨自己。把大脑中那些不快乐的片段用快乐的片段挤掉。你可以多参加户外活动,多和朋友来往,扩大自己的社交圈,做些自己感兴趣的事,让自己忙碌起来,这样你就没有多余的时间和精力去想它们了,慢慢的它们会自动消失。

有勇气去拒绝不合原则的事

在生活和工作中,有很多来自亲朋好友、领导同事的求助和帮忙,我们在做"好"事时,一定要三思而后行。为人为己,要勇于拒绝那些违背常理、违法犯罪的"请求"。

拒绝,总是会给人难堪,无论是拒绝的人,还是被拒绝的人。所以我们宁愿当"好好女人",也不愿意去拒绝别人的请求。

生活中,我们常常看到这样的事情,有的女人因性格软弱怕得罪人,而不善于拒绝,让有不良企图的男人们产生了性骚扰的念头;有的因"得手"尝到了"甜头",抓住了女人的这个弱点,而对她进行无休止的纠缠。虽痛苦不已,怒不可遏,却无济于事。这类女人事后都有一个共同特点,那就是追悔莫及,但悔之晚矣。

还有一些单位的领导,为了个人私欲,以工作需要为由,指使下属,做一些欺上瞒下的违法行为。一些无原则的女人们为了面子，明知不对，又难以拒绝，便铤而走险，最后使自己也走上犯罪的不归路。我相信大多数的女人都是明辨是非的，知道哪些事可以做，哪些事不能碰。但是多数女人都胆小、善良、心软、虚荣，这些弱点很轻易就打破了女人的原则。

37岁的吴瑞雪曾有一份令人羡慕的工作。她在某公路养护段工作，后在担任该区公路局出纳的同时，还兼任公路养护段出纳，不但管理着单位的四个账户，手中还保管着法人代表私章和单位支票，是人们眼中的"财神奶奶"。

她在工作上平步青云，但是在婚姻上很不幸福。由于夫妻双方性格不合，和前夫离婚。后来经朋友介绍，她认识了现任丈夫。丈夫没工作，平时喜欢玩牌，总是输多赢少。后来，丈夫要做生意，需要一些资金，她把多年的积蓄给了丈夫，可是生意失败，全部亏损。

一段时间后，丈夫再次找她要钱。并要她从单位上挪用。为了留住第二任丈夫，吴瑞雪开始挪用公款。多次利用职务便利，自行开具现金支票和转账支票，从单位账上支取现金和转账多笔，共计400多万元，且未记账，这些支票大多以"差旅费"、"备用金"、"人工费"和"劳务费"等名义自行开出。为了不让单位发现，她将单位一张206万元的进账单用电脑扫描打印后，重新涂改为517万元，掩盖挪用公款的事实。

后来她意识到事情的严重性，多次让丈夫把公款还上，但丈夫当做耳旁风。为此两人离婚了，她也积极想办法归还公款。然而，她最终还是割舍不下这段感情，又与第二任丈夫复婚。这次在丈夫的怂恿下，她不但花钱买婚房，一起去旅游，还为丈夫买了一辆轿车。最终把车卖掉还了赌债后又人间蒸发了，留下了一个400多万元的资金黑洞给她，让她跌入犯罪的深渊。 她被判处有期徒刑12年。在法庭上，她几度失声痛哭，对自己为单位造成的巨大损失深感后悔，可是后悔已晚。

吴瑞雪本来拥有一份很好的工作，可是她做人没有自己的原则，或是

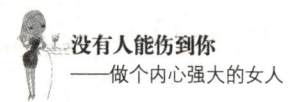

没有坚持自己的原则。明知不可为而为之，最后酿成苦果。

原则，就是一个人说话、行事所依据的准则。做事情要有一贯性，而且要给自己设置一道道德的界限，什么事情是能做的，什么事情是不能做的。凡事预则立，不预则废。如果心里早有原则和定见，就不至于到时候做出违背自己本意或者良心的事情。例如：某人求你做一件事情，给你一笔小钱。如果你预先没有定见，没有原则，很可能稀里糊涂的就接受了，如果有自己的原则，并坚持原则，就会少犯错误。

在生活和工作中，有很多来自亲朋好友、领导同事的求助和帮忙，我们在做"好"事时，一定要三思而后行。为人为己，要勇于拒绝那些违背常理、违法犯罪的"请求"。

无论别人说你"不够朋友"还是"假正经"，你只需要记住，你有你自己的做人原则。利人害己的事不做，损人利己的事少做，利人利己的事多做。

让别人觉得你是个"原则女人"，要比让人觉得你是个"好好女人"要好。因为人们给予好好女人最多的是"利用"，而给予原则女人最多的是"敬佩"。

第 8 章
内心强大的素质训练

让别人觉得你是个"原则女人",要比让人觉得你是个"好好女人"要好。因为人们给予好好女人做多的是"利用",而给予原则女人最多的是"敬佩"。

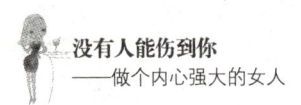

有斗志去处理害怕做的事

有一个朋友长智齿,牙痛了很久,分分秒秒地疼,吃不下饭。因为害怕拔牙,所以就坚持让它疼。她努力分辨是哪几个牙在疼,后边那颗智齿疼是肯定的,好像还有两颗蛀掉半截的在跟着助纣为虐,嘴歪了,眼斜了,头痛不绝。

我说,你把智齿拔掉就不会疼了。她说,想着都疼,还没等开始拔,我就被医生给吓疯了。我笑她是胆小鬼。又过了两天,实在疼得受不了,又在我面前哀嚎。我架着她就去了医院。见医生的时候哆哆嗦嗦。我说,就一会儿的工夫。等过了今天,从明天开始你就吃嘛嘛香了。智齿拔掉后她再也不受牙疼的困扰了。

其实,我说她是胆小鬼,我也不是个"胆大鬼"。我从小就害怕打针。客观地说,打针并不是很痛,但是每次看到穿着粉色或是白色的大褂的护士拿着针头走来的时候,我就会脑子就会一片空白。我从来不敢自己脱下裤子等着护士来打,都让家人在旁边陪着我,甚至在我十几岁的时候,我还

尽管在众同学的猜测下,她早已经有了心理准备,但是真正面临这一天的时候,她的疼痛也是撕心裂肺的。每天晚上都失眠,白天上班没精神、没心思,茶不思饭不想,一想起他就流泪。好在她是一个自尊心非常强的女孩,做得最正确的一件事就是分手很干脆,很彻底。

要先让母亲坐在凳子上,然后我趴在母亲的腿上,紧闭双眼,心中默数,一、二、三……赶紧完事!

后来,由于身体原因住院,需要每天打针。我找到了一个非常凑效的方法,让自己有勇气主动面对。每当打针之前,我总是对自己说,没关系,疼痛只是短暂的,很快就过去了。一天中有二十四小时,这个过程不过才几十秒。一分钟过后,什么都过去了。

再后来,我就把这种心理暗示叫做"短痛安慰法",并将它发扬光大了。每当我需要做一些自己不情愿做的事,或是害怕面对的事,我都会先预计这件事需要多长时间完成。比如两分钟、一天、三个月,等等,然后我再告诉自己,如果没有意外,我的余生还有几十年,跟几十年比起来,这些"两分钟"、"一天"、"三个月"就是眨眼的工夫。它们都是短暂的。这样想着,我就很容易接受这些事了。

当然,我说的这些疼痛在生活中都是无足轻重的,一些大的疼痛,比如情感上遭受背叛、亲人突然离去、家庭突然遭受不幸等等。虽然这些事情对我们的打击很大,但是任何事物都有一个"自生自灭"的过程。它们存在的过程,跟你一生的时间相比,却也是微不足道的。

为什么人们总是说"长痛不如短痛",长期的疼痛,人们难以忍受,一是因为看不到头;二是长期的折磨会损耗人们的心智,失去耐心。短暂的疼痛过后就是一身的轻松。越害怕做的事,越要有勇气去做。不要拖延。拖延只会让你的内心长期处于一种紧张、焦虑的状态。长痛或短痛,是一种意志的选择。

我的好友孙芸经历过一段极惨痛的感情,五年前认识了一个北京的网友,两个人谈恋爱轰轰烈烈,舍掉了老家当老师的工作,追随他到了北京。

男友对她很好,但是他永远不跟她提结婚的事,永远不谈见家长的事。两个人工作的地方并不在一起,一个在南城,一个在北城。周末和节

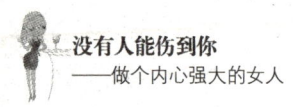

没有人能伤到你
——做个内心强大的女人

假日两人就到处玩,到处旅游。孙芸自尊心很强,她觉得这种游离状态也挺好,两个人可以保持各自的空间,维持新鲜感。

这种若即若离的状态持续了四五年时间。眼看着身边的女伴们一个个结婚、生子了,可孙芸还是走不进婚姻的殿堂。每次主动跟他谈结婚,他总是说现在工作压力太大,马上要升职了,以后再说。孙芸也不想给他压力。她太爱他了,生怕把他逼急了他就走了。当时,同学们都在猜测她男友的为人。要她谨慎一点,但她不愿意去面对她不想面对的事情。

又过了几年,孙芸已经三十岁了,父母催她早点结婚,她自己也想有个家。她去找男友商量结婚事宜的时候,却意外地发现男友怀里正抱着另一个漂亮年轻的女人。

她不敢相信自己谈了七八年的恋爱,就这样就要结束了。她有些不舍得,不甘心。男友走的时候,连个分手的话都没说,但从此以后也不主动跟她联系。她跑到一个同学家大哭,同学劝她,既然现在看清了,就早点解放自己吧!

尽管在众同学的猜测下,她早已经有了心理准备,但是真正面临这一天的时候,她的疼痛也是撕心裂肺的。每天晚上都失眠,白天上班没精神、没心思,茶不思饭不想,一想起他就流泪。好在她是一个自尊心非常强的女孩,做得最正确的一件事就是分手很干脆,很彻底。

时间过得很快,当初撕心裂肺已经过去了,现在的她已经是一个孩子的母亲。她说,如果没有当初的心痛和决裂,没有后来的醒悟,又何来今天的成熟与幸福。

把时间画成一条长线。虽然现在我们还站在线条的前面部分,当遇到难过的事情时,不防让自己提前站到线条的后面部分,用"过去式"的心态去对待现在的自己。这样你就会提醒自己,一切很快就会成为过去!

第 8 章
内心强大的素质训练

把时间画成一条长线。虽然现在我们还站在线条的前面部分,当遇到难过的事情时,不防让自己提前站到线条的后面部分,用"过去式"的心态去对待现在的自己。

没有人能伤到你
——做个内心强大的女人

女人该有淡定自若的"范儿"

我经常看到很多的女人看到孩子生病了,磕着碰着了,就心急如焚,这种焦虑的情绪又影响到了孩子。孩子摔跤流了一点血,本来擦擦药就能继续跟小朋友们玩了,可她偏偏对孩子大叫"怎么磕成这样了?得了破伤风可怎么得了呀!"孩子以为破伤风就是要死人了,被吓得哇哇大哭。

我们经常因为遇到偶然的突发事件,脑子顿时变得一片空白,失去了思考功能。一些优秀的医生都会首先安抚他人的情绪。"医生……医生,我脑袋不知道为什么会无缘无故地疼,疼了好几天了。会不会得了什么绝症?"病人都会非常着急地描述自己的病情,医生往往镇定自若,有条不紊地说:"来,把头低下来让我看看……"然后微笑着问你身体有没有其他的异常。这时看到医生的平静,你的心情跟着平复下来。

反之,如果医生听到你的表述,马上着急地对你说"啊?头疼?糟糕了!很多癌症都有这样的前兆,前几天就有一个人因为疼痛检查发现已经癌症晚期了……"这时,你会突然崩溃。

无论你的病情有多么的复杂,但是在医生面前,他们呈现给你的永远都是淡定的笑容。淡定其实就是一种智慧,是一种勇气,是一种心态。淡定的意义很广,它表现一个人泰山崩于前而面不改色的镇定程度,遇事沉稳中又积极果断。每个女人都需要这种心态，在生活中才会处之泰然，宠辱不惊，不会太过兴奋而忘乎所以，也不会太过悲伤而痛不欲生。

在家里，我一直有个"淡定妈"的称号，虽然我知道我们不可能做到"不以物喜，不以己悲"，但是我们可以尽量克制自己，遇事保持冷静，在冷静的情况下做出决定。而"淡定妈"这个称号像个标签一样贴在我身上，就反过来促进我遇事淡定。

对于很多人来说，生孩子就像过了鬼门关一样，但对我来说，似乎没留下什么特别难以忘却的疼痛记忆。我的体型从小到大都很苗条，所以当我怀孕，身边所有的人都一边倒地认为我一定会是剖腹产，否则我的身体就会承受不了。我并不这样认为，一直鼓励自己要自然生产。怀孕的时候学习"拉玛泽呼吸法"，坚持运动。

在临产的前一天晚上十点钟，已经感受到了阵痛，我知道小生命马上就要来临了。当时心里有些紧张，但是之前听了很多人生产的经历，我知道生孩子是个漫长的过程，特别是初生，不会那么快，而且我没有什么异常情况，所以我尽量安静地躺在床上，不想兴师动众地去医院（情况不同，该去医院还是要及时去医院，以免出现危险）。那样只会让自己更紧张，让家人更劳累，而且对我的生产并不会有什么好的作用。

我握着手表，安静地躺在床上，每次阵痛到来都做深呼吸。一直到早上6点，天色发亮了，我的阵痛已经开始七八分钟一次，我才叫醒了家人从从容容去医院待产。

到医院迅速办理好住院手续，我便进了产房。在生产的过程中，就像人们所说的人生中小死了一场，撕心裂肺。在最难熬的时候，我使用了"短痛安慰法"，不断地鼓励自己，"坚持一会儿，疼痛马上就会成为过去，我的孩子马上就会到来。"……几个小时候后，一个乖巧的小家伙在妈妈的坚韧中呱呱坠地了。之前的所有疼在瞬间都消失了，只有做妈妈的幸福感。有朋友说我，不动声色就把孩子给生了。

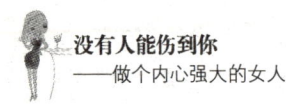
没有人能伤到你
——做个内心强大的女人

  后来，我也鼓励准妈妈们一定要自然生产，感受生命的瓜熟蒂落。而且我很客观地告诉她们，生孩子确实很疼，但是这种疼是可以忍受的，也是女人最值得骄傲的一次疼痛。

  淡定的女人最大的特点就是能控制自己的情绪。她们身上透露出一种有力量的"静"，遇事不慌张。她会留出足够的时间让自己冷静，思考，整理事情的前后过程，在头脑中快速地分析应该如何处理。绝不会让自己受制于情绪。

  我经常看到很多的女人看到孩子生病了，磕着碰着了，就心急如焚，这种焦虑的情绪又影响到了孩子。孩子摔跤流了一点血，本来擦擦药就能继续跟小朋友们玩了，可她偏偏对孩子大叫"怎么磕成这样了？得了破伤风可怎么得了呀！"孩子以为破伤风就是要死人了，被吓得哇哇大哭。

  还有的女人，看到丈夫在外面有一点风吹草动，就按捺不住自己冲动的火气，事情还没弄明白，就给丈夫定了罪。着急忙慌地要给自己讨个说法。她越是哭闹，越是把男人推向了另一边。

  遇事不慌乱，别把事情想得太复杂，没多少事情的后果是严重得无可估量的。要知道，越是紧张，越办不好事，要有"不管风吹雨打，胜似闲庭信步"的姿态，淡定从容地度过你的一生。

第 8 章
内心强大的素质训练

遇事不慌乱,别把事情想得太复杂,没多少事情的后果是严重得无可估量的。

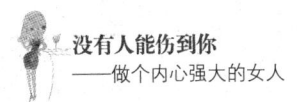

没有人能伤到你
——做个内心强大的女人

吃了一堑，就得长一智

"感谢伤害你的人，他让你变的坚强；感谢欺骗你的人，他让你有了慧眼；感谢欺负你的人，他让你明白了抗争。这不是一种悲观，这是一种成长；这不是一种退缩，这是一种成熟；这也不是一种残酷，恰恰相反，这是一种催化剂！"

我们经常说，要感谢你的恩人、贵人，却没有人把感恩二字与"仇人"联系在一起。实际上，那些曾经让你饱受折磨的人，往往也是造就你的贵人。正如上面这段文字中所说，他们对你伤害，让你变得坚强，他们对你的欺骗，让你有了慧眼。正是他们，让你看到了你身上所缺失的东西。

有一个女孩学的播音主持专业，大学刚毕业的时候，有一个电视台请她去主持一档节目。导播觉得她文笔不错，于是邀请她来兼任编剧工作。但是当节目做完，领酬劳的时候，导播不仅没有给她额外的报酬，还把她的主持费用减掉了一半。女孩没有吭声。

后来，这个导播还是找她，她照样帮他做了几次节目，每次都或多或少地扣她一些钱。

最后一次，他非但没有扣她的钱，还对她变得非常客气，因为那时女孩已经被电视台的新闻部看上了，马上要成为签约记者和新闻主播。

她正式进入电视台工作后，每次导播见到她都会有些尴尬，因为以前压榨过她。她曾经想去告他一状，但是心想，要是没有他，她也不会不断地在挑剔声中改正自己；要是没有他，她也不可能获得继续主持的机会。虽然在经济上，他占了她不少便宜，但是从个人发展上来看，她占他的便宜仿佛要大得多。如此看来，他应该还算是自己的贵人。既然是贵人，又何须去报复呢！

有时候一个人的成功很可能是自己的"最恨的人"成全了自己，是他们给了你发愤进取的理由，是他们让你在逆境中学会坚强，是他们让你学会流着眼泪微笑……

生活中很多的事你不做，就什么都没有；你一咬牙，一跺脚，做了，那么可能你就会因此获得很多。

我们每个人内心中都希望过一种安逸的生活，当你对自己狠不下心来的时候，那些对你比较"残忍"的人往往会把你一把推出去，甚至把你逼得走投无路。当无路可走的时候，往往是你变得成熟的时候。你会迫使自己做出一些举动，让别人对你刮目相看。于是，你成功了。

折磨你的人是你的贵人还是仇人，主要取决于你自己的态度。如果当初这个女孩缺乏自尊心，对导播的挑剔不放在心上，得过且过，或是把精力放在如何报复导播上，那么她也不会有后来的成绩。

生活中的人和事很多都无所谓好坏，就要看你怎么去对待。打倒仇人，不如从仇人那里获得更多！恐惧坏事，不如把坏事变成好事。而这就需要你智慧地去对待。

记住，吃一堑，就得长一智。如果总是吃一堑，又吃一堑，还吃一堑……却从来不长智。那你的屁股上就该挨板子了！